APRENDER COMO AUTOR

PEDRO DEMO

APRENDER
COMO AUTOR

SÃO PAULO
EDITORA ATLAS S.A. – 2015

© 2014 by Editora Atlas S.A.

Capa: Leonardo Hermano
Composição: Luciano Bernardino de Assis

Dados Internacionais de Catalogação na Publicação (CIP)
(Câmara Brasileira do Livro, SP, Brasil)

Demo, Pedro
Aprender como autor / Pedro Demo.
São Paulo : Atlas, 2015.

Bibliografia.
ISBN 978-85-224-9540-5
ISBN 978-85-224-9541-2 (PDF)

1. Educação 2. Pedagogia
3. Sociologia educacional I. Título.

14-11654
CDD-306.43

Índice para catálogo sistemático:

1. Sociologia da educação   306.43

TODOS OS DIREITOS RESERVADOS – É proibida a reprodução
total ou parcial, de qualquer forma ou por qualquer meio.
A violação dos direitos de autor (Lei nº 9.610/98)
é crime estabelecido pelo artigo 184 do Código Penal.

Depósito legal na Biblioteca Nacional conforme
Lei nº 10.994, de 14 de dezembro de 2004.

Impresso no Brasil/*Printed in Brazil*

Editora Atlas S.A.
Rua Conselheiro Nébias, 1384
Campos Elísios
01203 904 São Paulo SP
011 3357 9144
atlas.com.br

Para
Profa. Gisela,
autora de mão cheia.

SUMÁRIO

Introdução 1

01 APRENDIZAGEM COMO AUTORIA 7

    1.1 Autoria e autonomia 14

    1.2 Autorias virtuais 19

02 INSTRUCIONISMO AVASSALADOR 25

03 EDUCAR PELA PESQUISA 33

04 PESQUISAR e ELABORAR 41

    4.1 Lado terapêutico da elaboração 43

    4.2 Elaborar é escrever 47

    4.3 Elaborar é reconstruir 52

    4.4 Elaborar é saber pensar 58

    4.5 Curso com exercício de autoria 63

05 DISCUTINDO CHANCES AUTORAIS 71

viii Aprender como autor • **Demo**

06 **RELAÇÃO ENTRE ELABORAÇÃO E PENSAMENTO CRÍTICO** 79

07 **RETÓRICA E GÊNERO ACADÊMICO** 91

08 **ELABORAÇÃO FORMAL/INFORMAL, GRAMÁTICA E APRENDIZAGEM** 99

09 **ARGUMENTAÇÃO EM GRUPO E DISCUSSÕES** 109

10 **AVALIAÇÃO POR ENSAIOS** 121

11 **PESQUISA, ELABORAÇÃO E APRENDIZAGEM** 129

12 **EDUCAR PELA PESQUISA, AQUI E AGORA** 145

13 **EDUCAR PELA PESQUISA NA ESCOLA** 153

13.1 Pedagogia da problematização 159

13.2 Avaliação processual 165

14 **EDUCAR PELA PESQUISA NA UNIVERSIDADE** 179

14.1 Formação docente 183

14.2 Ano propedêutico 186

14.3 Problematização 188

14.4 Avaliação processual 189

Conclusão 191

Referências 195

INTRODUÇÃO

Não gostaria de ensaiar outro modismo aqui, com a noção de *aprendizagem como autoria*. Já que, em educação, em geral discussões são rasas – discurso de não autores – tudo vira modismo facilmente, porque a maior falha do modismo é não ter consistência argumentativa própria, vivendo à sombra de chutes e promessas fátuas, ou de reproduções inconsequentes. Novas tecnologias, sempre ambíguas (Demo, 2009), abriram horizonte muito interessante de autoria com a assim dita *web* 2.0 (outro modismo já furado), ao assinalar a *geração de conteúdo próprio*. Isto é bem possível, como atestam experiências incisivas tipo Wikipédia (um clube de autores) ou *videogames* sérios (ambientes de extrema exigência de autonomia e autoria), mas é inegável a propensão avassaladora de "escolarizar" as novas tecnologias, acabando quase sempre como enfeite da aula instrucionista (copiada para ser copiada). Isto se vê mormente na produção de materiais didáticos digitais, em especial de aulas virtuais, ecoando a velha pedagogia da transmissão de conteúdos, indo na direção contrária dos tempos que pedem mentes capazes de reconstruir conhecimento, unin-

2 Aprender como autor • Demo

do domínio de conteúdo com habilidades de pesquisa e elaboração, pensamento crítico autocrítico, uso da autoridade do argumento, autoria sempre renovada. É apenas outra maneira – agora digitalizada – de embalsamar conteúdos, como se faz na apostila clássica: cuida-se de "conhecimento" morto, não do conhecimento das "novas epistemologias" (já eram socráticas, na verdade) (Demo, 2011b), vivo, dinâmico, disruptivo, rebelde (Demo, 2012) – embora a Wikipédia não represente a referência mais grandiosa do conhecimento atual, é bom exemplo: aí conhecimento se mantém em grau máximo de fervura constante, sempre aberto, num processo interminável de autorreconstrução. Na apostila ou no artefato digital não há controvérsias, confrontos, sobressaltos, recomeços, porque o conhecimento foi pacificado e, por isso, cadaverizado (Grinnell, 2009; Kelly, 2011). Num bom livro – à medida que é diferente da apostila – conhecimento se mantém complexo e não linear (Demo, 2002), mas envelhece como toda formatação do conhecimento; bom livro, no entanto, sabe que é passagem: sua glória é produzir reconstruções sucessivas infindas, ficando, depois, como *clássico* a ser lembrado.

Esta abertura intrínseca pode ser cultivada pela maiêutica socrática da crítica autocrítica: crítica coerente é **autocrítica**, porque a ela, primeiro, se aplica a crítica; não se pode criticar e postular não ser criticado. Esta verve do conhecimento, talvez mais visível hoje em sua roupagem ambígua pós-moderna, é retomada também como contraponto ao conhecimento canônico modernista que acabou fossilizado nas aulas e livros-texto, para ser apenas transmitido como cópia da cópia. É por isso que na universidade cuidamos de um defunto, por vezes religiosamente: *conhecimento embalsamado*. Não fazemos mais nada com ele, num mundo agitadíssimo

Introdução **3**

pela via do conhecimento rebelde, em especial aprisionado pelo mercado neoliberal (Boltanski Chiapello, 2005), que sacou logo a centralidade do trabalho imaterial ou cognitivo, expresso em particular na pregação perversa da *empregabilidade* (o trabalhador deve manter-se atualizado, estudando como um louco, mas o mercado não tem nenhum compromisso com ele, porque, como sempre, é apenas mercadoria): profissional qualificado não existe; *existe apenas aquele que se requalifica todo dia.* As universidades produzem, no máximo, profissionais "treinados", dotados de diplomas para trabalhar em tempos pretéritos, não para enfrentar a vertigem de tempos complexos e não lineares.

Ao falar de **conhecimento vivo** tenho em mente – embora não desenvolva aqui – a referência de Marx ao "trabalho morto" (O capital, v. 1, cap. 10, seção 1) – "capital é trabalho morto, que, qual vampiro, apenas vive sugando trabalho vivo, e vive mais, quanto mais suga trabalho. O tempo no qual o trabalhador trabalha é o tempo durante o qual o capitalista consome o poder de trabalho que comprou dele" <http://www.marxists.org/archive/marx/works/1867-c1/ch10.htm#S1>. Em grande medida, escola e universidade fazem trabalho de vampiro, sugando "conhecimento morto", um "capital" já ultrapassado, inaproveitável para o futuro da sociedade, ao invés de se dedicar ao "trabalho cognitivo", "imaterial", marcado pela habilidade intelectual (*"general intellect"*) de reconstrução própria autorrenovadora. Consta nos *Grundrisse*, falando das máquinas:

> "A natureza não constrói máquinas, locomotivas, ferrovias, telégrafos elétricos, fiandeira automática etc. Há produtos da indústria humana, material natural transformado em órgãos da

4 Aprender como autor • Demo

vontade humana sobre a natureza, ou da participação humana na natureza. São *órgãos do cérebro humano, criados pela mão humana*; o poder do conhecimento, objetificado. O desenvolvimento do capital fixo indica até que ponto conhecimento social geral se tornou uma *força direta de produção*, e até que ponto, então, as condições do processo de vida social em si veio a ficar sob o controle do intelecto geral (*general intellect*) e foi transformado de acordo com ele; até que ponto os poderes da produção social foram produzidos, não apenas na forma de conhecimento, mas também de órgãos imediatos da prática social, o processo real de vida" <http://multitudes.samizdat.net/ General-intellect> (Peters; Bulut, 2011; Edu-Factory Collective, 2009; Scholz, 2012; Pryor; Schaffer, 2000; Dyer-Witheford, 1999).

Este tipo de literatura crítica da formação do trabalhador poderia revigorar profundamente escola e universidade, impelindo para abandonar o instrucionismo: o próprio mercado capitalista do trabalho cognitivo e imaterial não o quer mais (Wagner, 2008; Brill, 2010; Vercellone, 2007; Lazzarato, 2005; Heckman et al., 2006). Enquanto o capitalismo – espertíssimo como sempre (Boltanski & Chiapello, 2005) – se adianta aos tempos, nossas instituições educacionais correm, cambaleando, atrás. O pior é que acham estar afinadas com o mercado (pelo menos as entidades privadas). Como reformas norte-americanas mostram hoje, a "privatização" do espaço público de educação não tem dado resultados concretos, embora estejam conturbando cruamente as entidades públicas (que certamente precisam de mudança) (Ravitch, 2013). Não se trata de se submeter ao mercado, ainda que não seja jamais o caso afastar-se do mercado ou ignorá-lo, pois educar para a vida inclui mercado, mas é triste ter de escutar do mercado o apelo para mudanças em educação, por mais que o discurso do mercado seja, pelo menos em parte, farsante. Ao mesmo tempo, esta literatura questiona a noção de *"economia do conhecimento"*, ao desconhecer manhosamente que é filhote do capitalismo avançado: embora o sistema produtivo mude substancialmente, como o próprio Marx previra, o espírito (Boltanski; Chiapello, 2005) é o mesmo: continua a fábrica de mais-valia explorando o trabalho vivo, cognitivo, imaterial humano. O mercado está, literalmente, nos atropelando, em parte de modo injusto/impróprio, porque educação não é mercadoria ou fábrica, em parte de modo desafiador, porque educação não está à altura dos tempos.

Procuro aqui construir uma plataforma de discussão teórica e prática em torno do desafio da aprendizagem como autoria, sem inventar a roda. Minha preocupação é o ambiente tristemente obsoleto das escolas e universidades que persistem como instituições do século passado entretidas com embalsamar conteúdos cadaverizados. Em parte, porém, temos de reconhecer que a produção do atraso em educação é consentânea com nosso patamar econômico, em grande medida formado por dinâmicas produtivas superadas, incapazes em si de competir, par a par, com economias ditas do conhecimento (Amsden, 2009). Bastaria lembrar que, chegando ao fim do segundo grau, apenas 10% dos estudantes sabem matemática, segundo "Todos pela Educação" e que, segundo o Instituto Paulo Montenegro (Índice de Alfabetismo Nacional), apenas 26% da população adulta é "alfabetizada plena"! O Brasil está nos últimos lugares no IDH na América do Sul (ocupava o 85º lugar mundial na versão de 2012), mostrando dificuldade extrema de sair da letargia educacional. Nossa escola tem aula, só! Cada vez mais aula. Foi feita para se dar aula. Não foi feita para o estudante aprender. É rota suicida. Sequer vale a pena investir mais recursos nisso, porque é cavar na água. Precisamos de outra proposta de educação, não mais de um sistema de ensino, mas de aprendizagem (Sahlberg, 2011; Hammond; Lieberman, 2012; Barber et al., 2008). Vamos relembrar Paulo Freire:

i) para que o pobre possa emancipar-se, não pode viver de coisa pobre;

ii) não pode viver do mesmo (a diferença não cede);

iii) precisa de algo bem superior, para retirar o atraso, apertar o passo e chegar junto ou na frente.

A escola pública que temos é todo o contrário disso: **coisa pobre para o pobre**. Poderia ser diferente. Deve ser diferente.

01

APRENDIZAGEM COMO AUTORIA

"**Aprendizagem como autoria**" pode virar modismo inconsequente, como tantos outros, em educação. Bem olhando, tais quais outros soluços teóricos, não é algo propriamente novo. Um primeiro passo da discussão será mostrar que sempre fez parte das teorias mais reconhecidas de aprendizagem. No entanto, a expressão provoca algum susto, porque questiona a condição docente comum sem autoria – **é comum dar aula sem autoria**. Não se trata de má vontade do professor, mas de decorrência natural do estilo obsoleto de formação, bem como do contexto socioeconômico de degradação profissional, escancarado no piso salarial mensal que não chega a R$ 2 mil (início de 2014). Sendo pedagogia um dos cursos universitários mais precários e docência uma das profissões mais desvalorizadas na sociedade, exigir desempenho autoral parece acinte. Neste caso, torna-se tanto mais evidente que mudança em educação é, quase sempre, **mudança docente** (Tavares, 2011; Darling-Hammond, 2005; 2008; 2010; Ravitch, 2010): primeiro, porque toda mudança na escola só vinga se for abraçada pelo professor; segundo, porque professor é fator chave (não único) da qualidade educacional (Au, 2009). Estudante aprende bem com professor que aprende bem, o que pressupõe sair do sistema de ensino fincado na transmissão reprodutiva de conteúdo, passando para sistema de aprendizagem centrado no aluno e afinado com pedagogias participativas autorais. Não faz sentido investir em proposta caduca de escola feita para frequentar aula instrucionista (copiada para ser copiada), insistindo em aumentar aula, adornar táticas reprodutivas, incrementar semanas pedagógicas ineptas, usar novas tecnologias para gerir repasse conteudista etc. (Demo, 2012). **Autoria** é entendida como habilidade de pesquisar e elaborar conhecimento próprio, no duplo sentido de estratégia *epistemológica* de produção de conhecimento e *pedagógica* de condição formativa (Demo, 1996): **formar melhor, produzindo conhecimento com autoria.**

Começando pelo construtivismo, na teoria da equilibração Piaget via a criança construindo seu conhecimento por etapas estruturais de desenvolvimento, com ênfase na montagem de esquemas mentais para dar conta da realidade. No confronto com a realidade, a criança busca modular suas hipóteses de entendimento, dentro de dinâmicas desconstrutivas e reconstrutivas, à medida que precisa lidar com aspectos da realidade que já não cabem no esquema (Piaget, 1990; 2007). Aprendizagem se dá no contexto de desequilíbrio e reequilíbrio, tendo a criança como protagonista crucial de sua aprendizagem. O lado estruturalista (Habermas, 1989; Kohlberg, 1981) foi muito criticado, em especial por autores na área do desenvolvimento moral (Haidt, 2012), mas persiste reconhecimento fundamental da qualidade epistemológica da teoria piagetiana, voltada para o processo de construção, desconstrução/reconstrução constante do conhecimento dinâmico. A criança virou protagonista substancial de sua aprendizagem, o que também deu motivo para interpretações apressadas e sumárias em propostas sem a mínima estruturação dos processos, ou pela via da rejeição de tudo que havia antes em pedagogia. Embora talvez seja correto alegar que Piaget fez uma proposta epistemológica, não propriamente pedagógica, isto só reforça ainda mais o argumento em prol da autoria, tornando-a, para além de *crítica*, principalmente *autocrítica*. Para se construir conhecimento minimamente adequado, é imprescindível o olhar epistemológico da **crítica autocrítica** (Becker, 2001; 2003; 2007), postada sobre saber pensar fiado na autoridade do argumento, não no argumento de autoridade. Algumas pedagogias emancipatórias (Freire, 1997; 2006) bebem daí, na tradição da maiêutica socrática, que buscava montar, através do diálogo desconstrutivo/reconstrutivo ("método socrático"), a condição de protagonista do parceiro (Copeland, 2005; Garlikov, 2009; Harrington, 2009; Maxwell, 2009). Os diálogos socráticos foram criticados por alguns autores (Latour, 2005; Harman, 2009), porque os diálogos de Platão sempre reservam para Sócrates a primeira e última palavra (seriam críticos, não autocríticos), mas persiste a noção de pedagogia crítica sob muitas versões, em grande parte inspiradas na teoria crítica da Escola de Frankfurt (Darder et al., 2009) ou de inspiração marxista, que ocasionou a pedagogia histórico-crítica em torno da figura de Saviani (2005; 2008). O lado da autoria está principalmente na montagem própria do projeto emancipatório ("conscientização"; "ler a realidade"), embora, frequentemente, em termos didáticos, tais pedagogias persistam instrucionistas (transmissão de conteúdo via aula). O oprimido não pode continuar esperando que o opressor o liberte, como alegava Paulo Freire, embora, num gesto epistemológico extraordinário, lembrasse sempre que o novo emancipado pode vir a ser o novo opressor, bastando chegar ao poder! Pedagogias críticas nem sempre são autocríticas (Demo, 2011a), mas distinguem-se de abordagens construtivistas modernistas por sua (pretensa) politicidade.

Ainda nesse contexto, cabe citar o movimento em torno da "**aprendizagem transformadora**", por muitos anos girando em torno de Mezirow, desde seu estudo de mulheres que retornavam à vida universitária após um lapso longe, no âmbito da educação de adultos (1978), passando por uma experiência avassaladora de transformação pessoal e social. Sob sua liderança agregadora e ecumênica gerou-se um grupo de pesquisadores e educadores de adultos que até hoje persistem nesta rota da educação emancipatória, com forte vínculo com Paulo Freire, além de inserir, pelo caminho, aportes globalizados multiculturais e admitir toda sorte de posicionamentos críticos epistemológicos, muitos dos quais pós-modernos e da teoria feminista e pós-colonial (Taylor; Cranton, 2012; Mezirow, 2000; 1990; Mezirow; Taylor et. al., 2009; Mezirow, 1991). Mezirow foi questionado por seu aporte modernista, individualista, linear, eurocêntrico, levando-o a várias reformulações teóricas e práticas e mantendo o movimento em alta, composto de mentes brilhantes que sabiam dissentir para agregar. Ficou claro que aprendizagem transformadora é possível, embora seja dinâmica extremamente exigente, envolvendo por inteiro professor e estudante, tendo como resultado imprescindível a gestação de novas perspectivas de vida em contexto comunitário e pessoal. A referência ao construtivismo é constante, ainda que também cautelosa, porque a produção piagetiana também é arguida por deficiências estruturalistas e modernistas. Usa-se fartamente o legado da teoria crítica da Escola de Frankfurt, em especial seu faro pela práxis. Nesse quadro o acento na autoria discente ganha relevo formidável, a começar pelas pretensões emancipatórias, implicando, porém, autoria docente tanto mais.

O sociointeracionismo de Vygotsky (1989a; 1989b) enfatiza o papel mediador do professor, em particular na noção mais conhecida de *zona do desenvolvimento proximal*, muito usada em ambientes virtuais de aprendizagem (AVAs), em geral sob o termo *scaffolding* (Hmelo-Silver et al., 2007; 2004) – na metáfora do andaime, o estudante constrói o prédio, com apoio decisivo, insubstituível do professor mediador. É papel do professor "puxar" o aluno para tarefas mais desafiadoras, para além das que já faz sozinho, processo amplamente adotado em *videogames* (sérios) (Hutchinson, 2007): o jogador progride, sob orientação mediadora, para níveis cada vez mais exigentes e sofisticados de autoria. Tornou-se clarividente que bons jogadores vivem de automotivação profunda (excessiva facilmente) (Clark; Scott, 2009), correndo atrás dos jogos mais exigentes, com desafios extremos. Um dos atrativos mais fortes é o tom autoral do jogo, aparecendo na capacidade de buscar informação, participar de fóruns virtuais de discussão, mudar regras e cenários do jogo, construir/reconstruir o avatar, pesquisar temas e tópicos amplamente, elaborar *softwares* para o jogo e assim por diante. *Scaffolding* tornou-se ícone da mediação que resulta em autoria. Na noção de autopoiese de Maturana (2001) e Maturana e Varela (1994), no contexto da biologia e da neurociência, acentua-se o processo de autoformação, de dentro para fora, autorreferente, do "ponto de vista do observador", o que assegura ser

12 Aprender como autor • Demo

"instrução" impraticável nos seres vivos: o que neles entra, entra por dentro, na posição de sujeito. É possivelmente o aporte teórico mais contrário à aula instrucionista, porque o estudante não aprende escutando conversa, mas produzindo conhecimento próprio. Embora seres vivos possam ser saco de pancadas de muitos modos, sob pressão de fora, possuem dinâmica intrínseca própria autoformativa que os consagra como sujeitos ativos de seu destino, pelo menos até certo ponto (Demo, 2002). A realidade, para existir, não depende do observador, mas para ser entendida, precisa dele (Koch, 2012).

Existem outros aportes autorais em educação, como pedagogia da problematização (Savin-Baden; Wilkie, 2006; Rhem, 1998), de projeto (Ertl, 2010; Evensen et al., 2000), educar pela pesquisa (Demo, 1996), aprendizagem situada (Lave; Wenger, 1991) etc., todas voltadas para estilos de aprendizagem centrados no estudante como autor (Weimer, 2002; Andriessen et al., 2010a; 2010b; Baptiste, 2003). Alguns usam AVAs inspirados na *web* 2.0 (e posteriores), estando entre os mais conhecidos a plataforma WISE (Web-based Inquiry Science Environment) (Slotta; Linn, 2009; Linn; Eylon, 2011), destinada a ensinar ciência fazendo-se ciência, começando com quatro anos de idade. Ultimamente, o recado mais incisivo nesta direção autoral veio de AVAs comprometidos com geração de conteúdo próprio, a exemplo da Wikipédia, tipicamente um clube de autores (Lih, 2009), ainda que o uso prevalente de ferramentas digitais seja instrucionista na escola. Não sendo, pois, autoria noção nova (já era socrática), o que traz de provocativamente novo é a mudança docente, em primeiro lugar: para termos estudantes autores, precisamos de professores autores. Se os estudantes comparecem à escola, não para escutar aula, mas para produzir conhecimento próprio sob orientação/avaliação docente, o formato curricular muda por completo: **currículo é programa de pesquisa e problematização a ser transformado no decorrer do semestre em produção própria do estudante.** Este não é mais avaliado pela prova, mas pelo que produz. Produzindo todo dia, permite avaliação diária, processual, preventiva, diagnóstica, de sorte a garantir o direito de aprender bem através do exercício incessante de autoria.

Não é o caso esquecer questionamentos do autor, desde sempre, aguçados por Barthes com sua proposta da "morte do autor" (1977), ao apontar que autor pleno é ficção, porque ninguém é plenamente original: todo texto provém de outro texto, todo autor provém de outro autor. No texto, quem fala é a linguagem e a cultura, não tanto o autor, que a porta, encarna, reconstrói, reconfigura. Esta crítica foi crucial para desbancar pretensões autocráticas da autoria, hoje retomada com força no mundo virtual que, se pudesse, acabaria com direitos autorais de vez. O termo mais usado é *remix*, para indicar uma reconstrução do que existe na *web*, que pode ser quase plágio, até um belo texto da Wikipédia (Lessig, 2009). Defensores dos direitos autorais se enervam com esta prática (também porque o plágio corre solto!), mas o exemplo da Wikipédia poderia ser ilustrativo: não há dono dos textos, pois são feitos coletivamente, sendo de acesso gratuito.

Embora nem todos os textos sejam apreciáveis, é uma maravilha cooperativa (Benkler, 2006). No entanto, esta discussão importantíssima não desfaz o argumento da autoria em sentido epistemológico e pedagógico, apenas aponta limites fundamentais e possíveis mais usos (O'Neil,

14 Aprender como autor • Demo

2009). Fomentar autoria é imprescindível para qualquer proposta pedagógica emancipatória, mas, naturalmente, com devido desconfiômetro. No que se produz há sempre milhões de dedos de outros colaboradores. Por esta razão – berram os internautas – não seria o caso manter "direitos autorais", exceto talvez para a primeira edição e que ainda se pode controlar.

1.1 Autoria e autonomia

Retomando a *morte do autor* de Barthes (1977), referia-se à discussão hermenêutica de fundo em torno da produção textual que não admite autoria plenamente original, porque nenhum autor é plenamente original. Como costumava dizer, é a cultura que fala, mais que o autor como parte da cultura. Quando engendramos um texto, inevitavelmente partimos de outros textos, da linguagem que dominamos e recebemos da tradição, de sorte que não há palavra primeira, nem última. Não se trata de voz solitária, mas de uma polifonia de vozes rearticuladas em cada nova obra. O termo *morte do autor* é forte e talvez excessivo, porque Barthes queria apenas desconstruir pretensões exacerbadas de autoria e a celebração subserviente de autores. O autor totalmente original sequer morreu, pois nunca existiu. Na natureza conhecida, coisas novas são feitas de coisas anteriores, já que do nada não vem nada (*ex nihilo, nihil fit*), como é nosso caso: cada novo ser humano tem seu charme individual irrepetível, mas é ser de outro ser. Assim, a natureza não cria no sentido forte do termo, mas renova, sendo isso que ocorre com um livro novo. Alguns são muito inovadores, outros são menos, e outros parecem ou são cópia. Todos conhecemos as agruras do mestrando/doutorando que precisa fazer algo original, aproveitando autores anteriores – não pode plagiar, mas também não se lhe dá liberdade para criar o que quer, já que, para ser aprovado, precisa do beneplácito institucional e respectiva obediência.

Esta discussão ganhou foros ainda mais tensos no mundo virtual, onde, desde a primeira hora, *hackers* não respeitavam direitos autorais ou *copyright*, postulando que tudo na rede deveria ser de todos. Vistos muitas vezes como "heróis da revolução do computador" (Levy, 2010), notabilizam-se por quebrar códigos digitais, na longa tradição de decifração de códigos de guerra, terreno em que se destacou Turing (Gleick, 2011; Dyson, 2012). Os internautas acabaram inventando o termo *remix* (Lessig, 2009), um "remexido" de textos que pode abarcar desde uma entrada respeitável na Wikipédia até o simples plágio descarado. Esta praxe, no entanto, existe pelo menos desde que se inventou a enciclopédia, sempre definida como texto de outros textos, por mais que, em muitos casos, os autores fossem gente de renome acadêmico. A Wikipédia toca isso em grande estilo, fazendo parte da exigência de só colocar na edição o que pode ser verificado em outra fonte divulgada. Na verdade, *remix* detém um tom de provocação dos internautas, quando insinuam que, na *web*, direitos autorais deveriam ser mais flexíveis ou mesmo eliminados, em nome da cultura comum digital. Agride-se sobretudo a proteção no mercado da publicação de direitos exclusivos de autores ou editoras, cuja obra tem lastro imenso de aproveitamento do bem comum cultural e linguístico (Blum, 2009). Para envenenar um pouco mais a questão, surgiu logo na net o "internetês" (Crystal, 2009; Baron, 2010), linguajar informal na rede, cheio de abreviações, símbolos, facilmente à revelia da gramática, com a finalidade em parte de montar espaço protegido de

16 Aprender como autor • Demo

comunicação dos internautas, em parte de facilitar os textos em geral feitos às pressas, em parte para ser original... A discussão azedou bastante com a proposta do Google de escanear todos os livros do mundo, fazendo-se repositório privatizado da cultura global (Vaidhyanathan, 2011). Houve reação frontal da Europa contra esse colonialismo cultural americano (Jeanneney et al., 2007), mas, mesmo assim, o Google está avançando firmemente nessa direção, detendo já acervo enorme de livros escaneados. Este confronto desvela uma face importante da autoria acadêmica: quando alguém publica um livro, faz contrato com uma editora que passa a deter os direitos autorais; aparece na cena um "dono" do autor, ficando com o autor uma parcela diminuta do preço das vendas. Editoras, assim, embora sejam instâncias reconhecidas de divulgação da produção cultural em livro e outros impressos, se apropriam da autoria alheia, ainda que por força de contrato voluntário. No capitalismo, esta praxe não surpreende, mas sempre volta à tona que algo produzido imprescindivelmente com concurso de outros, da cultura e linguagem vigentes, de ideias comuns, acabe privatizado, ou num autor que se sente dono de tudo, ou numa editora que engole o autor. Seja como for, esta prática de mercado estabilizou procedimentos de produção/edição vigentes, muitas vezes sem conflitos maiores por vistos como recíprocos.

Encontram-se nos Estados Unidos vários contextos em que autoria e autonomia são debatidas e praticadas, representando também tradições pedagógicas próprias. Podemos destacar:

a) sempre foi importante na sociedade americana a noção de "apprenticeship", o uso de um jovem procurar um tutor mais experimentado para, trabalhando com ele um tempo, tornar-se igualmente hábil/experto; era maneira mais comum de aprender um ofício, via observação de perto e exercício supervisionado por alguém reconhecido na comunidade; com o advento da educação formal (obrigatória também em parte), esta praxe foi dissolvida nas práticas escolares, mas deixou como mensagem mais importante a proposta de arquitetura de autoria própria, sob orientação; trabalhava-se junto, para logo poder trabalhar sozinho, independentemente; este estilo de aprendizagem é hoje comum entre adolescentes apreciadores de novas tecnologias que não costumam fazer curso, ler manuais, seguir roteiros curriculares, mas aprendem com pares, intercambiando suas expertises e experiências; a proposta *Computer Clubhouse* (Kafai et al., 2009) é extremamente ilustrativa: adolescentes se encontram numa sala ampla com computadores à parede, um para cada três, sentados em cadeiras de roda, para poderem girar; ao meio está uma mesa para reunião e discussão/comunicação; tem um mentor (não professor) com função de *coach* e avaliação, mas não tem aula, prova, currículo; os adolescentes montam seus projetos (sempre coletivos) em áreas digitais de sofisticação profissional (programação avançada, animação, *videogame*, música digital, *coding*...), facilmente tornando-se profissionais para ganhar a vida de modo independente; é visível a chance "emancipatória" da experiência, embora, no antro americano liberal, esteja muito voltada para a competitividade: os adolescentes se tornam autônomos e autores de seus projetos;

b) faz parte da pedagogia americana a noção *do it yourself* (faça por você mesmo), que também aparece em *apprenticeship*, mas é parte de um estilo formativo obcecado pela autonomia (Kamenetz, 2010; Knobel; Lankshear, 2010); os tempos estão mudando, e hoje não é incomum que o jovem formado na universidade volte para morar com os pais; antigamente era impensável, porque agredia a regra masculina de manter-se com meios próprios a partir dos 18 anos; o risco dessa proposta, como a história americana fartamente documenta, é de alimentar autonomias predatórias e colonialistas, embora tenha seu lado fundamental da pretensão emancipatória; outra sombra grotesca americana é o repúdio a políticas sociais assistenciais, partindo-se de que quem trabalha se dedica, sua a camisa, não fica pobre; pobre é quem se acomoda, esperando a solução dos outros (O'Connor, 2001); ignora-se que pobreza não é acidente, muito menos preguiça, mas produto do sistema produtivo e social (Demo, 2007); este reconhecimento, porém, também implica que mera assistência não é solução – há que se agregar outras políticas emancipatórias e de inclusão no mercado de trabalho;

c) o interesse americano em autonomia é tão marcante que se inventou o termo *self-authorship* (autoria própria) – um pleonasmo flagrante (Magolda, 1999; Magolda et al., 2010); visa-se fomentar que estudantes vislumbrem a importância de tomar iniciativa, resolver seus problemas por si mesmos, partir para a luta, assumir o destino em suas mãos; é princípio pedagógico certamente muito importante, no sentido de fazer da aprendizagem exercício constante de autoria; facilmente se perdem componentes importantes da socialização (como autonomias convivendo juntas sem se matar), do bem comum e de cooperação;

d) como já aludido acima, outro produto americano é a "aprendizagem transformadora", de sentido claramente emancipatório, embora em tom individualista modernista linear (Taylor; Cranton, 2012); usa-se fartamente o aporte de Paulo Freire e da Escola de Frankfurt, embora a adesão europeia tenha sido pequena (Kokkos, 2012); um dos traços mais profundos da "transformação" está na tomada do destino nas próprias mãos, sob a visão emancipatória de que o oprimido não pode esperar do opressor sua libertação. Claramente, participação é conquista. O marginalizado precisa de todas as ajudas possíveis, mas todas só são corretas se redundarem na capacidade de dispensá-las, pelo menos no sentido da superação da subserviência.

Ao citar tais horizontes da discussão, busco indicar que autoria também é termo ambíguo, em especial no plano de sua politicidade. O emancipado facilmente aprende a como esmagar a emancipação dos outros. Mas isso não retira o argumento da importância pedagógica da autoria como exercício de autonomia.

1.2 Autorias virtuais

Aprendizagem como autoria recebeu reforço inaudito em AVAs, com o advento da *web 2.0*, a *web* que faculta **ge-**

20 Aprender como autor • Demo

ração de conteúdo próprio. Em contraste com a *web 1.0*, marcada por atividades parasitárias (copiar, colar, baixar, transmitir, passar etc.), a *web 2.0* se vincula à participação autoral do usuário (O'Reilly, 2006; 2009), tendo como referências mais convincentes a Wikipédia (plataforma wiki) e *videogames* (sérios). De início, é importante desfazer modismos em torno da nomenclatura, que já desandou e se fala de *web 5.0* (parece que ainda não surgiu uma *web 6.0!*). A *web 2.0* representa a chance de escrever, elaborar, pesquisar, construir na *web*, produzindo conteúdo próprio (Solomon; Schrum, 2010). A *web 3.0* representa a expectativa *semântica*, em especial quanto à *busca* mais inteligente, capaz de discernir contextos e ambiguidades da comunicação, uma promessa hermenêutica que ainda está a caminho. A questão maior é que interpretação é dinâmica não linear, complexa, enquanto a busca digital é linear, pelo menos por enquanto (pesca palavras no plano da sintaxe, não sentidos no plano da semântica). A *web 4.0*, ainda no ovo, pretende desenvolver modos de comunicação da *web* conosco iguais aos modos que mantemos entre humanos. Fala-se já de *web 5.0*, algo muito nebuloso, voltado para uma internet como oportunidade de evitar intermediários que controlam servidores pelo mundo; quer-se chegar ao ponto de os computares se tornarem "cidadãos de primeira classe... que compartilham informação sem passar por servidores controlados por estranhos" (Opera demonstrates..., 2013). A distinção mais visível está entre *web 1.0*, transmissiva, reprodutiva, e *web 2.0*, com geração de conteúdo próprio. A *web 3.0* coloca uma pretensão mais elevada, à medida que pleiteia algo que a Inteligência Artificial ainda não "matou" (embora tenha prometido) (Kurzweil, 2005): rivalizar com a inteligência humana hermeneuticamente (Christian,

2011). Muitos arguem que inteligência humana foi forjada por processo evolucionário multimilenar no interior de uma usina bem diferente chamada natureza, enquanto inteligência artificial é produto eletrônico, sabidamente linear até ao momento. Não se pensa em fechar as portas para a Inteligência Artificial, porque seria impróprio pendurar-se em dicotomias estanques, mas inteligência humana é algo que computadores ainda não emulam (Dreyfus, 1997). A mente humana é capaz de coisas não lineares estupefacientes, como entender silêncio, lacuna, falta de dados, um meneio ou gesto, um gemido, um olhar, um contexto onde se cruzam comunicações disparatadas, ou preencher o significado de um texto esburacado, e assim por diante. O computador ainda é máquina que segue comandos externos, não é autopoiética e autorreferente, embora seja imensa a torcida para logo, logo chegarmos lá. As *web 4.0* e *5.0* são chutes em geral movidos pelo mercado que busca novos espaços de comercialização e consumo.

Retenho, assim, da expressão modista *web 2.0*, apenas a referência da geração de conteúdo próprio, exemplificando com dois casos convincentes hoje na *web*: Wikipédia e *videogames*. A Wikipédia é já exercício consumado de autoria, onde voluntários de toda estirpe (alguns sem estirpe também!) se congregam para produzir colaborativamente uma enciclopédia que se mantém sempre aberta à edição e é de graça (Lih, 2009; Weinberger, 2011). Há regras metodológicas da produção textual (texto "neutro", ou melhor, que mereça ser lido; não uso de dados pessoais, pois não haveria como controlar; ser verificável em outros textos publicados), que facultaram a milhares de editores participarem ativamente, colaborarem, questionarem, sempre com base na autoridade do argumento, já que argumento de autoridade não medra. Não é o caso ignorar problemas da Wikipédia (O'Neil, 2009), que vão desde textos primários, vandalismo, amadorismos, até questões da burocracia gerencial que se avoluma, dificuldade de automanutenção, mas não se pode ocultar que é uma obra extraordinária de cooperação gratuita, um tipo de bem comum precioso (Benkler, 2006). Representa uma pedagogia estupenda, tipicamente autoral, sobretudo alimenta visão aberta e inovadora do conhecimento, sob o manto das "novas epistemologias" (Demo, 2011b).

Videogames são outro exemplo autoral convincente na *web*, porque, além de promover motivações intrínsecas poderosas (viciadoras por vezes), levam os jogadores a enfrentar problematizações muito complexas que exigem profunda dedicação, discussão *online* constante, busca de soluções por conta própria, criação de *softwares* para avançar no jogo, instigando autonomia e autoria em tom maior. Alguns diriam que são o melhor ambiente de aprendizagem hoje existente (Gee, 2003; 2007), uma afirmação que quase sempre serve para cutucar a escola vista como mundo do atraso (Rosen, 2010; Prensky, 2010). Hutchinson (2007) consagra *videogames* ditos "sérios" para distinguir da infinidade de joguinhos tolos ou de mero passatempo e para enfatizar o valor pedagógico (McGonigal, 2011). Descobriu-se aí que jogadores não querem jogos fáceis, curtos, facilitados; querem os mais difíceis, pois apreciam desafio e problematização, mostrando ser possível arranjar motivações intrínsecas com ambientes adequados de aprendizagem (Pink, 2009).

Sem desconhecer a propensão escandalosa de usar a *web* para copiar, plagiar, reproduzir, existe nela oportunidade real de fomento da autoria, sendo esta a referência mais importante dos AVAs. **Novas tecnologias são importantes se, com elas, aprendemos melhor.** Não aprendem por nós, não substituem o professor, não facilitam necessariamente a vida. Trazem suas vantagens próprias do mundo digital, como é publicar, divulgar, discutir, trabalhar em equipe, cooperar sem depender de ninguém (num *blog*, por exemplo), comunicar-se extensa e intensamente. É importante não perder de vista a tendência, angustiante para muitos de encurtamento dos textos digitalizados (a exemplo do Twitter, com 140 toques apenas), de leitura superficial (Carr, 2010; Morozov, 2011), de *remixes* mais vagabundos (Lessig, 2009), sem falar que tudo se resolve no Google ou na Wikipédia. Os textos da Wikipédia são, em geral, mais curtos, mas compensam de sobra com muitos *hiperlinks*, de sorte que formam, sobre o texto, um céu de hipertextos disponíveis. Estamos também transitando para **textos multimodais** que, para além do impresso, agregam áudio e vídeo sob infindas formas, procurando, ao final, fazer de imagem e som não apenas ilustrações, mas *argumentos*. A academia resiste muito a tais autorias, porque prefere a linearidade do texto impresso, ao encaixar-se perfeitamente no método lógico-experimental analítico, sequencial e linear. A imagem, por sua vez, é complexa, não tem centro nem estrias lineares, serve para infindas interpretações (Kress; Leeuwen, 2001; 2005). Não está resolvida esta questão, mas não é difícil prever que o texto do futuro será multimodal (Hayles, 2008).

02

INSTRUCIONISMO AVASSALADOR

Aprendizagem como autoria é desafio primeiro para o **professor**. Não tendo passado por formação autoral (esta praticamente inexiste em nossas instituições de ensino superior), o desiderato de termos um estudante autor para corresponder à sociedade do conhecimento, na qual o que interessa é produção de conhecimento próprio, depende de um **professor autor**. Nosso sistema de ensino é instrucionista visceralmente, ancorado na aula reprodutiva, tanto na escola, quanto na universidade. É sistema que, na expressão de Arum e Roksa (2011), está *academically adrift* (academicamente à deriva), porque os estudantes aprendem muito pouco ou não aprendem. Basta lembrar alguns dados disponíveis (Demo, 2012):

a) quando o estudante completa o ensino médio, só 10% sabem matemática, segundo a Ong Todos pela Educação (<www.todospelaeducação.org.br>);

b) seguindo a mesma fonte, após três anos de alfabetização, apenas 42% sabem matemática – o que coloca totalmente em cheque a ideia inspirada na teoria dos ciclos de alfabetizar em três anos; a criança mais pobre precisa de uma arrancada plena logo no 1º ano, não da pachorra que se perde na progressão automática;

c)   segundo o IDH, o Brasil ocupa (2012) o 85º lugar, um dos últimos da América Latina; se prosseguirmos nesta rota, vamos parar na África. (<http://oglobo.globo.com/infograficos/idh-2012/>);

d)   o Ideb mostra que o sistema privado de ensino está empacado há oito anos (praticamente as mesmas cifras paralisadas) (<http://ideb.inep.gov.br/>); o Ideb público "parece" evoluir, mas contém vícios muito questionáveis, como no ano do Ideb (a cada dois anos), só oferecer língua portuguesa e matemática, ou de no dia da prova trazer só os alunos melhores;

e)   a série histórica do desempenho do Saeb/Ideb (a partir de 1995) mostra que tivemos em 1999 a maior queda de desempenho escolar: em língua portuguesa chegou a quase 20 pontos (em matemática chegou a quase 10 pontos), logo após a introdução dos 200 dias letivos, indicando que aumentar aula é claro tiro no pé; mas persistimos nessa balela: alongamos o ensino fundamental para nove anos e há dois anos o MEC inventou mais 20 dias letivos; há confusão clamorosa aí: precisamos de 220 dias de aprendizagem, não de aula (Demo, 2012).

Todos esses dados conjugados indicam a persistência de um sistema de ensino inepto, incapaz de garantir mínima aprendizagem dos estudantes, problema dos mais comprometedores para o futuro do país, se levarmos em conta que qualidade educacional é decisiva não só para a qualificação da democracia/cidadania, mas igualmente para a produtividade econômica. Os gargalos que o país experimenta nesta quadra histórica de baixíssimo crescimento econômico talvez já seja indício de que, entre tantas carências, falta população minimamente qualificada para podermos participar da economia do conhecimento (Amsden, 2009). Neste contexto, outra precariedade é alarmante: a falta de professores de ciência e matemática (um déficit de 20 anos e que só se agrava).[1] Há muitos fatores aí implicados, sendo possivelmente os principais: baixíssimo aproveitamento em ciência e matemática na escola; posição flagrantemente secundarizada de ciência e matemática nos cursos de pedagogia; licenciaturas de baixa qualidade em geral no país; piso salarial absolutamente insuficiente para atrair talentos; carências nas condições de trabalho na escola, em especial inexistência de infraestruturas para estudo de ciência (laboratórios, materiais, eventos, intercâmbio etc.); falta de iniciativa do poder público para dirimir o déficit (Demo, 2010). À parte este hiato hediondo na história da educação brasileira, chamo a atenção para o movimento internacional de professores de ciência, enfatizando duas obras recentes incisivas:

a)   Livro de Linn e Eylon (2011): *Science learning and instruction: taking advantage of technology to promote*

---

[1]   Veja Portal da Ciência. Disponível em: <http://portalciencia.org/alunos-com-baixo-desempenho-em-ciencias-implica-num-deficit-de-pesquisadores-no-futuro/>. Veja FOREQUE et al., 2013. 55% dos professores dão aula sem ter formação na disciplina – em física, só 17,7%, em química 33,3%; na rede privada 47% não têm formação na disciplina; na Bahia, só 8,5% dos docentes têm formação ideal.

knowledge integration" – sobre aprendizagem de ciência com apoio em tecnologias; o texto abriga extensa pesquisa sobre "aula", sob todos os seus ângulos, concluindo tratar-se, cada vez mais, de didática ultrapassada; **aprende-se ciência fazendo ciência**, não escutando alguém falar dela; sugere-se que estudo de ciência comece aos quatro anos de idade, apresentando às crianças linguagem científica, método científico, experimentação, sociedade e economia do conhecimento, presença do conhecimento no cotidiano e assim por diante, com o objetivo de fazer de cada uma das crianças um cientista pesquisador, no contexto de sua idade; combina-se bem o intento formal (como fazer ciência com devido método) com o político (como erigir uma população que sabe pensar e direcionar os frutos da ciência para o bem comum); em suma, é uma proposta ostensiva de autoria em ciência: na sociedade do conhecimento o que interessa – é de vida e morte – é saber produzir conhecimento próprio, começando em tenra idade; conhecimento deve ser patrimônio popular, não apenas coisa de pesquisador sofisticado ou de elites, ou do mercado competitivo;

b) Livro de Slotta e Linn (2009): *"Wise science: web-based inquiry in the classroom* – sobre o *software* WISE, uma plataforma digital para estudo de ciência com base em pesquisa, desenvolvida, mantida e sempre atualizada por este grupo de professores de ciência; adota-se *pesquisa como pedagogia*, na convicção de que ciência se aprende fazendo ciência, sem falar na contribuição momentosa em favor do uso autoral de AVAs (enfatizado graciosamente no próprio acrônimo WISE, que as autoras chamam de "ciência sábia"); um dos objetivos maiores é proporcionar aos pedagogos formação científica adequada, virando a mesa histórica: em geral pedagogia atrai gente que não gosta de ciência e sobretudo de matemática, postulando um tipo retrógrado e pretérito de formação que já não faz sentido hoje (nunca fez); esta reação vem encoberta facilmente por discursos que se pregam humanistas, mas são apenas conversa fiada de quem não quer enfrentar as exigências metodológicas e epistemológicas do estudo acurado de ciência e matemática (Tavares, 2011).

Ao contrário do que muitos pensam – que ciências ditas "duras" são resistentes, prepotentes, insensíveis – temos aí exemplo contrário surpreendente de professores que se comprometem em garantir que o estudante aprenda de modo autoral. Em parte, funciona ao fundo uma referência neoliberal clara: competitividade globalizada, definida hoje em termos de produção própria de conhecimento. Em parte, porém, move este grupo o compromisso com a cidadania popular que poderia ser extremamente elevada com aprendizagem adequada de ciência: na sociedade do conhecimento, protagonista central é, certamente, o cientista, mas não menos a própria população. Alguns países disseminam museus de ciência em seu território (no Brasil, de meu conhecimento, há um na PUC-Porto Alegre), com o intuito de popularizar ciência, oferecer ambientes para escolas excursionarem e estudarem questões científicas, preservar patrimônios da produção científica, celebrar conquistas fundamentais da história da ciência, e assim por diante. Enquanto isso, não sabendo resolver a questão do professor de ciência e matemática, permanece uma incógnita como fazer parte da sociedade do conhecimento. Entretanto, o que mais chama a atenção é o combate frontal ao instrucionismo, também movido por desempenhos pífios dos estudantes americanos no PISA (ficam abaixo da média global), por parte de áreas curriculares tradicionalmente vistas como ninho do instrucionismo.

Há que se perceber que o debate sobre **sociedade do conhecimento** é capcioso, a começar pela artimanha neoliberal vinculada à *economia do conhecimento*. A obsessão neo--liberal é apenas uma: *competitividade globalizada*, cuja mola mestra é produção de conhecimento próprio de fronteira (Amsden, 2009). Primeiro, todas as sociedades humanas foram sociedades do conhecimento, porque conhecimento lhes é condição natural primária e talvez uma das mais decisivas como condição humana. Segundo, quando se fala de sociedade do conhecimento, interpõe-se um vício eurocêntrico postado sobre o conhecimento modernista científico, de cariz positivista e vinculado à produção avassaladora de tecnologias lineares que garantiram hegemonia até hoje indisputada (Harding, 2011). Terceiro, este vício solicita alinhamento inconteste ao eurocentrismo, dentro do sistema produtivo capitalista ligado agora ao *trabalho cognitivo*. Quarto, quando a economia do conhecimento pede um trabalhador que sabe pensar (Wagner, 2008), cria uma esquizofrenia típica do mercado capitalista: quer que seja crítico, mas não do sistema! Quer que continue aprendendo sempre, atualizando-se todo dia, mas sem questionar o sistema produtivo. Quinto, consagra o estilo modernista de conhecimento científico que joga ao mar todas as outras formas alternativas de conhecimento (ou sabedoria) (Santos, 2009; Santos & Menezes, 2009). Na tradição modernista, conhecimento científico é crítico, por vocação, porque se confronta com senso comum, crendices, alquimias, religiões, mas não é **autocrítico** – tem-se mostrado incapaz de incluir em sua epistemologia a própria desconstrução. Talvez tenhamos de engolir que conhecimento ou método científico seja a maior "tecnologia" da mente jamais inventada até então, a mais potente porque transformou o mundo à veleidade eurocêntrica, e continua a garantir a hegemonia bélica e produtiva. A ironia maior, porém, é que escolas e universidades, em suas aulas instrucionistas, são o oposto flagrante dessa vertigem, formando profissionais para uma economia que já não existe, nem interessa. Enquanto a economia voa à velocidade da luz, se renova sarcasticamente, queimando a vida no planeta, escola e universidade estão paralisadas em sistemas de ensino imbecilizantes. Falam de conhecimento que já não tem qualquer relevância: aquele repassado e que, no máximo, é informação ultrapassada. É triste levar esta lição do mercado: que conhecimento é dinâmica rebelde, disruptiva, renovadora e autorrenovadora, não conteúdo disciplinar a ser repassado pela via da cópia (Demo, 2012a). Supina ironia: enquanto escola e universidade reverenciam tacanhamente o repasse de conteúdos, a economia do conhecimento as transforma em lixo histórico. No entanto, as ambiguidades da educação não deveriam nos surpreender, pois são intrínsecas em sua politicidade. Todo contexto de poder abriga artimanhas, malandragens e hegemonias inconfessas (Popkewitz, 2001). Alguns pedagogos pretéritos criticam "aprender a aprender" como proposta neoliberal, ignorando que o abuso não tolhe o uso. O neoliberalismo simplesmente foi mais sagaz, chegou antes e aprisionou a expressão, deixando a pedagogia tão ardentemente críti-

32 Aprender como autor • Demo

ca falando para as paredes. "Empregabilidade" é perversão neoliberal: exige do trabalhador que continue estudando obsessivamente, mas não tem qualquer compromisso com ele. Mas isso não retira o argumento: aprender a aprender é uma das habilidades humanas mais finas e decisivas, desde que crítica autocrítica. É interessante perguntar por que pedagogias críticas continuam dando a mesma aula defunta instrucionista. O mercado se ri disso.

03

EDUCAR PELA PESQUISA

Em 1996, publiquei *Educar pela pesquisa* (Demo, 1996), um texto que retomava um tema de minha vida em torno da pesquisa como princípio científico e educativo (Demo, 1990), formulado para a montagem do Instituto Superior de Educação do Pará, em Belém (ISEP) (Governo Hélio Gueiros, sendo Secretária de Educação do Estado Therezinha Gueiros). Foi uma experiência fugidia de uma faculdade independente de pedagogia, sem aula, muito prejudicada logo pela mudança de governo (entrava no governo estadual Jader Barbalho, à época inimigo figadal), mas sobretudo por questões ideológicas de certa esquerda do PT que não conseguiu engolir que uma proposta tão inovadora não viesse dele, como nunca veio. Perdemos a sede própria (perto do Bosque), cedida para Medicina da Universidade Estadual, e nesta a proposta foi incorporada, até ser extinta alguns anos depois. Foi, porém, suficiente para sinalizar outra pedagogia e outro pedagogo, autor, capaz de proposta própria, que sabia estudar, pesquisar, elaborar, não sendo isso nada de outro mundo, mas habilidade que todos podemos exercitar, se a instituição, sobretudo seu professorado,

34 Aprender como autor • Demo

souber praticar (Demo, 2011c).[1] A resistência à mudança é a mesma de hoje: o PT está no poder, produziu um Plano Nacional de Educação tão medíocre e amador que, devendo valer desde 2011, até hoje tramita no Congresso (prevê-se sua aprovação em 2014), uma peça neoliberal obsoleta, atrelada à aula instrucionista, à desvalorização oficializada (piso salarial incompatível) docente, a ofertas pobres para o pobre (por exemplo, alfabetizar em até três anos, Escola Integral...), tão atrasada que não vale a pena aumentar o investimento financeiro, porque seria cavar na água. Valeria a pena – é necessário, na verdade, aumentar a participação orçamentária do Ministério – se fosse para construir, em outra direção oposta, sistema de aprendizagem, no qual se garantisse a aprendizagem dos estudantes, em especial dos mais marginalizados.

Bastaria olhar para a experiência da Finlândia (não para copiar, mas para nela inspirar-se de alguma maneira) (Sahlberg, 2010; Darling-Hammond; Lieberman, 2012), uma proposta que chama muito a atenção logo por ser legitimamente pública, nadando ostensivamente contra a maré neoliberal, ocupando por 15 anos os primeiros lugares no PISA. Não tem avaliação oficial externa oficial padronizada (tipo Ideb), não submete as escolas à inspeção de fora,

---

[1] Anos depois, estando Hélio Gueiros como prefeito de Belém e Therezinha Gueiros secretária de educação do município, retomamos a proposta, ampliando-a significativamente, com instituto de formação permanente dos docentes (IESB), nova lei municipal de educação, avaliação dos estudantes (aplicando-se o Saeb), criação da Escola Bosque, do Liceu de Artes e Ofícios, voltados para pedagogias autorais e que, na virada política sempre de novo, entrando o PT na prefeitura, tudo foi invalidado e/ou adulterado. Mas nada morreu. Ao contrário, ficou cada vez mais claro que é possível aprender bem com outro sistema de aprendizagem que valorize, mais que tudo, o professor autor (Demo, 2011c).

Educar pela pesquisa **35**

preserva autonomia plena do professor na escola onde trabalha oito horas, tem a menor carga de aula do mundo (o docente dá no máximo até 4 horas de aula), sobretudo tem o melhor e mais valorizado professor do mundo: para tornar-se professor, o nível mínimo é mestrado; docência está entre as profissões mais decantadas no país, não tanto pelo salário, mas pela missão histórica e moral. Um dos fulcros mais fundamentais da formação docente e discente é "**pesquisa**", no sentido científico e pedagógico (Darling-Hammond; Lieberman, 2012), com insistência ostensiva na autoria. Possivelmente, este resultado docente se obteve com o mestrado, porque, à revelia de muita conversa sobre formação universitária também em universidades de pesquisa (Bok, 2007), o estudante passa a pesquisar de verdade no mestrado, quando precisa montar uma dissertação. Capta logo que aprender não é escutar aula, é exercitar autoria todo dia. Assim, embora Finlândia tenha suas naturais especificidades (país e população pequenos, no fim do polo norte europeu, com história própria espremida entre Suécia e Rússia, com um capitalismo de *welfare* reconhecidamente competitivo e cognitivo), poderia representar um pouco de luz no fim do túnel nesta passagem de um sistema de ensino instrucionista para um de aprendizagem autoral.

"Educar pela pesquisa" sempre existiu em instituições escolares e universitárias orientadas para o cultivo da autoria e autonomia discente, mas sempre também foi coibida por docentes instrucionistas que veem a escola e universidade como palco de suas aulas compulsórias, brandindo concepção pré-histórica de conhecimento como petardos prontos e definitivos que urge repassar ao aluno aula por aula. Nunca entenderam o que é conhecimento, desde as peripécias socráticas há mais de dois mil anos, quando sugeria que a crítica do conhecimento se nutria da verve autocrítica e que esta dinâmica lhe era a alma. Não havia como apaziguar este aguilhão inovador, por ser autoinovador, em essência. Professores que só dão aula nunca souberam aprender, pois foram deformados na origem e já não conseguem ver um palmo à frente do nariz em termos de pedagogia autoral. Em tempos mais recentes, entrou em cena a "apostila", um livro texto que abriga os restos mortais do conhecimento, devidamente embalsamados, para uso docente e discente em termos de mero repasse e memorização. A apostila pode até ser bem feita, mas tem o formato de repositório canônico, o que faz dela logo um monturo abjeto: conhecimento é reduzido a formalizações definitivas (que não existem no mundo da pesquisa), intocáveis e indiscutíveis (currículo não é referência de discussão, mas cemitério de ideias), não há controvérsias, inovação, sobretudo autoinovação, porque é conhecimento morto; serve como referência do passado e com ele não se prepara ninguém para novos desafios. Como mostrou Maturana (2001), "instrução" é impossível nos seres vivos, porque, por mais que sejam premidos de fora pelo ambiente, eles se "autoformam" de dentro, "do ponto de vista do observador" autorreferente. Não há como colocar ideias na cabeça do outro – se lá entrar uma ideia, já é do outro, de alguma forma, porque sua condição autoral é natural – todo ser vivo tem seu lado único, um tipo de autoria não abdicável. Mesmo a lavagem cerebral só funciona se a vítima adotar ou for obrigada a adotar; e tanto é assim, que sempre pode haver volta. Pois "não vemos as coisas como são, mas como somos" (Demo, 2009), sem que daí resulte algum relativismo subjetivista, pois o mundo, para existir, não precisa que o observemos; mas o mundo que observamos está submetido à nossa perspectiva. É, pois, acinte clamoroso a condição a que é submetido o estudante na escola e na universidade, condenado a ficar escutando docente falar, tomar nota e fazer prova, preparando-se para viver num mundo pré-socrático. Na dubiedade escandalosa da economia do conhecimento, o que produz oportunidades de mercado é a produção de conhecimento próprio, o que, ademais, conferiria papel de ponta às instituições educacionais, embora reduzido à competitividade globalizada. Hoje o defensor maior do "educar pela pesquisa" é o mercado, sarcasticamente, o que apenas desvela que é bem mais safo que todos nós juntos (Wagner, 2008; Boltanski; Chiapello, 2005). Por isso mesmo, quando se busca valorizar "educar pela pesquisa", cumpre também libertar-se das garras do mercado, não para fazer de conta que mercado não existe ou é apenas referência negativa, mas para expandir seu potencial formativo.

Educar pela pesquisa combina duas práticas: **da ciência formalmente adequada e da pedagogia politicamente emancipatória**. De um lado, está o desafio de produzir conhecimento próprio, utilizando a instrumentação metodológica disponível, em especial o método científico, através do qual se constrói conhecimento científico formalmente correto. De outro, está o desafio de formar melhor através de exercícios de autoria, em especial construir a cidadania que sabe pensar, ancorada na autoridade do argumento (Demo, 2011b). No mesmo processo de produção própria de conhecimento embute-se a formação mais aprimorada, mesclando qualidade formal e política. Interessa a cidadania que sabe usar conhecimento como base principal das mudanças históricas, assim como interessa o estilo de ciência que tem compromisso com a sociedade. Cabe sempre discutir o que é *pesquisa*, termo que se aplica a muitas circunstâncias da vida, não se reduzindo apenas aos píncaros formalizantes

38 Aprender como autor • Demo

do conhecimento científico rebuscado. Quando professores de ciência querem começar com crianças de quatro anos de idade, pesquisa precisa ser modulada para caber nessa idade, cujo manejo do método científico, experimentação, linguagem formal será aquele viável nessa condição. O intento é fazer de cada criança um cientista pesquisador, mas principalmente um protagonista da sociedade do conhecimento (Linn; Eylon, 2011). Quando Prensky (2010) pede para alterar o termo *aluno* para *pesquisador*, imagina que a pesquisa viável é aquela que cabe em estudantes do ensino fundamental. Já quando na Finlândia introduz-se pesquisa na formação docente com mestrado, espera-se que o professor se torne pesquisador profissional.

Como qualquer termo, pesquisa pode ser banalizada, cabendo nela qualquer coisa, em especial quando professores se encantam pela proposta, mas não sabem pesquisar. O que resulta disso em geral é amador, arremedo acadêmico, não produção minimamente aceitável em termos metodológicos. Defini pesquisa como **questionamento reconstrutivo**, buscando uma terminologia suficientemente precisa e abrangente: i) pesquisar é questionar – começa com colocar em questão algo que se imagina saber, ou experimentando novas achegas a um tópico ou fenômeno, desconstruindo o que pareceria vigente, na tradição da teoria crítica; é também exigência do conhecimento autoinovador, disruptivo e rebelde que não se contenta com o que está na praça, mas busca ver além da colina, sempre; para realizar esta obra, é preciso manejo metodológico que pode ser simples na criança e sofisticado no profissional, em particular o uso de formalizações condizentes em suas várias expressões; ii) pesquisar é reconstruir – surge a produção própria de conhecimento, uma reconstrução que, para ser coerente, pode interminavelmente ser arguida; o processo reconstrutivo admite muitos relevos, empírico, teórico, prático, metodológico, implicando contraproposta naturalmente aberta. Exemplo disso fácil de perceber e exercitar é a Wikipédia: todo texto pode ser questionado a qualquer momento, resultando em outro texto que, por sua vez, será questionado. A ciência não produz resultados peremptórios, finais, nem mesmo em matemática (Gleick, 2011), porque nenhuma área do conhecimento apresenta-se completa. Ciência é mais propriamente um modo imperecível de desconstruir – no processo desconstrutivo surgem momentos de reconstrução, cuja longevidade é provisória, dentro de um renascer perene. Evidentemente, esta visão de conhecimento não cabe em apostila, porque nesta encontra-se o cadáver científico. Predomina na escola e na universidade, de longe, a expectativa de conhecimento acabado, fixo, estável, a ponto de caber apenas repassar, não questionar. Seu cão de guarda é a aula instrucionista, que o copia para ser copiado e, aí, falece.

Em ambientes escolares (educação básica), a atenção se volta preferentemente para o lado pedagógico da pesquisa, o que não redunda, jamais, na banalização das formalidades metodológicas. Certamente a criança não vai criar conhecimento novo capaz de abalar o mundo científico; espera-se dela que exercite método científico, experimentação, análise formal, linguagem adequada, como via áurea de formação mais profunda e promissora. Mesmo na universidade, muito erroneamente, mantém-se esta expectativa primária, também em programas importantes como Pibic (programa de bolsas de pesquisa para graduandos): o resultado mais esperado não é produção científica exemplar, mas melhor formação, um objetivo em geral alcançado com certa convicção (Calazans, 1999). Apesar da relevância aclamada do

Pibic, incomoda que se precise de bolsa para levar o estudante a pesquisar, enquanto isso deveria ser a lide normal, comum de qualquer graduação, até porque muitos diriam que é lide normal desde a infância escolar (Linn; Eylon, 2011). Entre nós, pesquisa acaba sendo requerida a partir do mestrado, porque inclui uma dissertação. É tarde, na verdade, e sugere um desacerto pedagógico histórico de instituições que se bastam com repassar conteúdos, esperando que seus estudantes, depois na vida profissional, apenas sejam repassadores de conteúdos. A economia do conhecimento (Wagner, 2008) condena isso frontalmente, porque sinaliza mercados obsoletos. Assim como nas novas tecnologias se espera que o interessado gere conteúdo próprio, no mercado precisa responder por ideias novas e inovadoras o tempo inteiro. Repassar conteúdo nada tem a ver com competitividade globalizada, mas com atraso clamoroso. No entanto, como sempre, o desafio maior não é o estudante. É o professor. Não detendo formação mínima em pesquisa, não sabe produzir conhecimento próprio, restando-lhe "dar aula". Sem texto próprio, sem saber discutir, reconstruir, analisar textos, sem autoria condizente, não é protagonista da sociedade do conhecimento, mas resquício de tempos passados, embalsamados.

04

PESQUISAR E ELABORAR

Aparecem muitas indicações de pedagogias autoriais por aí, em parte modistas como sempre, em parte adequadas, indicando em geral a necessidade de abandonar o instrucionismo. Sugiro resumir o lado mais promissor dessa empreitada na noção **pesquisar e elaborar**, não como alocução mágica, mas como condensação do esforço de fomentar autoria, em especial a capacidade de resolver problemas por iniciativa própria. O senso por autonomia é fundamental, embora deva sempre ser entendido no contexto social: autonomia não é disposição *contra* os outros, mas *com* os outros. A arte pedagógica é produzir gente tão autônoma que saiba conviver bem, em redes dinâmicas complexas e não lineares, fomentando a individualidade e a cooperação ao mesmo tempo. Autonomia não é propriedade do mercado capitalista, obcecadamente individualista/egoísta, mas prerrogativa humana da convivência social. Para dar exemplo mais extremo: a dinâmica do poder precisa de cooperação do dominado, ainda que seja de submissão – o poderoso sozinho não manda em ninguém. Individualidade, então, é dinâmica tipicamente social, não antissocial neces-

42 Aprender como autor • Demo

sariamente. Tratando-se de fenômeno ambíguo, limites são sempre fluidos – em seus extremos são destrutivos. Autonomia que destrói a autonomia dos outros não subsiste; acomodação excessiva ou dependência exagerada, por sua vez, apagam o sujeito.

Pesquisar e elaborar formam dupla dinâmica de expressão pedagógica elevada, vinculada a sistemas de aprendizagem, não de ensino, nos quais o estudante assume iniciativa sob orientação docente, procurando tomar conta do processo como protagonista central. Como consta da mediação educativa (*scaffolding*), o estudante carece de apoios em inúmeros sentidos (cognitivo, intelectual, emocional, pessoal etc.), mas os apoios precisam ser apresentados no formato emancipatório, ou seja, trata-se de ajuda que leva à condição de não depender de ajuda. Assim, uma coisa é *precisar* de ajuda, outra é *depender* de ajuda. Este é o papel *maiêutico* docente, na condição de "parteiro" da aprendizagem: como a parteira, não produz o filho, que é de outrem, mas contribui para o processo de parto decisivamente. Qualquer pessoa pode aprender sozinha, porque aprender é dinâmica da vida simplesmente em sua organização autopoiética (Maturana, 2001). Mas pode aprender bem melhor com devidos apoios, como dizia Vygotsky em sua proposição da "zona do desenvolvimento proximal" (1989a; 1989b): papel mediador do professor é "puxar" o aprendiz (sentido etimológico de *educere* em latim – puxar de dentro), instigar, promover, exigir fazer o que pode ser alcançado com apoio docente, para além daquilo que o aprendiz já faz sozinho. Em seguida, porém, deve poder fazer sozinho. Em educação, nunca apoio pode reverter-se em dependência, porque seria ato profundamente antipedagógico. Na educação familiar isto é, normalmente, bem posto na visão dos pais que não criam os filhos para si, mas para o mundo, ou seja, para sua autonomia. Filho que depende dos pais pela vida afora não vingou bem. Pesquisar e elaborar podem incorporar esta visão da construção social da autoria e autonomia, sempre se levando em conta que jargões encurtados são artifícios conceituais.

4.1 Lado terapêutico da elaboração

Para início de conversa, apresento o resultado da pesquisa de Wilson (2011) sobre o papel possivelmente terapêutico da elaboração no âmbito da psicologia social, em seu livro marcante *Redirect: the surprising new science of psychological change* (*Redirecionar: a surpreendente nova ciência da mudança psicológica*). Wilson analisa tragédia de um incêndio no qual morreu um técnico de radiologia, tendo sido encontrado na posição fetal (é a posição em que morrem queimados vivos); os dois bombeiros que atenderam o caso ficaram traumatizados, ainda mais ao descobrirem que se tratava de amigo comum. Entraram em depressão profunda. Foi-lhes oferecida uma série de sessões terapêuticas sob a nomenclatura CISD (*Critical Incident Stress Debriefing* – Relato de Estresse Incidental Crítico), tendo como uma das premissas fazer tratamento imediato – nas sessões (de três a quatro horas) os pacientes são levados a descrever o evento traumático, expressar sentimentos e relatar sintomas físicos ou psíquicos experienciados. Ocorre que esta técnica foi descartada pela pesquisa como inócua (Bisson et al., 1997; Carlier et al., 2000; McNally et al., 2003). Outra abordagem é deixar o tempo passar, para ver se o trauma se dilui, introduzindo a chance de *escrever* os pensamentos relacionados, segundo proposta de Pennebaker (1997; 2004).

44 Aprender como autor • Demo

A diferença em favor da "elaboração do trauma" é que esta encaixa o trauma numa interpretação pessoal capaz de redirecionar as energias destrutivas para contextos de relativo controle pessoal. O mundo externo não entra em nossa cabeça diretamente, mas pela via da interpretação, através da qual procuramos ser protagonistas da observação, não referências passivas. De certa forma, o que Wilson sugere é que, elaborando autoralmente o trauma, nos colocamos mais facilmente a cavaleiro dele, sendo possível dar conta dele numa posição construtiva. Podemos, na vida, ser saco de pancadas de pressões externas ou mesmo internas, como podemos angariar certa capacidade de condução, sempre muito relativa, pois somos jogados no mundo, não o criamos, uma habilidade que pode ser cultivada pela via da elaboração. Elaborar, naturalmente, tem efeito limitado, porque, elaborando o trauma, não o dominamos pura e simplesmente, mas nos tornamos aptos a lidar melhor com ele, à medida que passamos a observar analiticamente, dimensionamos sua configuração, discutimos o que significa; exagerando esta expectativa, ao invés de ser apenas vítima do trauma, pode-se chegar a uma posição de "sujeito" do trauma. Nessa posição, podemos mais produtivamente dar conta do trauma.

O lado mais pertinente da elaboração como terapia está na ideia pedagógica de que, fazendo-se o interessado autor crucial da solução, esta passa a ser sua conquista, não algo imposto de fora, gerando dependências. Esta abordagem, como todas, não tem efeito automático, em especial quando se trata de problemas tão complexos. Elaborar as condições traumáticas significa produzir interpretação própria delas, montar um estilo próprio e talvez mais apropriado de observação, passar da condição de apenas vítima à de analista com iniciativa própria. O trauma não precisa resolver-se só porque foi interpretado/elaborado, assim como a realidade externa ao observador é algo que não depende, para existir, de ser observada. Mas, para lidar com a realidade externa, precisamos impreterivelmente da interpretação própria dela, porque é nosso modo de abordagem; não lidamos com a realidade como tal, mas com construção mental dela. É neste sentido aproximativo que, elaborando as condições traumáticas, construímos modos próprios de abordagem, nos quais temos uma posição mais adequada de tratamento, ou seja, de alguma autoria. É achado crucial: lidamos melhor com problemas que elaboramos, porque, quando elaborados, passam a ser observáveis mais de perto e, assim, manipuláveis. Esta é uma regra clássica da abordagem científica: entendemos o que analisamos, ou seja, decompomos em partes, medimos, formalizamos, enquadramos. Uma coisa é o trauma sem elaboração – um caos e tanto; outra coisa é o trauma elaborado, pois já tem contorno, sentido, dimensão... Este procedimento é *reducionista*, como é reducionista o método científico de cariz lógico-experimental, a ponto de captar na realidade aquilo que cabe no método (Demo, 2012). Cabe no método uma realidade pacificada, enquadrada, formalizada, ordenada, que já não assusta. Mas é disto exatamente que se trata: trauma analisado assusta menos, porque temos pelo menos a sensação de que o dominamos até certo ponto. Na prática, dominamos, se tanto, apenas suas expressões lineares formalizáveis, mas é suficiente para termos dele visão diferente daquela amedrontada, acuada, sofrida. No fundo, ciência lida assim com a realidade: pode ter a sensação provocada pela empáfia do método de que "domina" a realidade, quando apenas "domina" sua expressão linear, formalizável, mensurável – o que já basta, por exemplo, para mandar um astronauta para a lua ou construir um avião ou computador. Se levarmos em conta que "dominamos" cientificamente apenas 4% do universo (Ananthaswamy, 2010), não dominamos praticamente nada, sendo bem possível que tenhamos de rever tudo que já amealhamos no mundo científico. Mas este buraco não preenchível não é o que nos interessa; interessa que, abordando a complexidade pela via linear, podemos dar conta de muita coisa, mesmo assim.

O que Wilson propõe é que este procedimento tem poder terapêutico importante, porque, elaborando as condições traumáticas, podemos enfrentá-las como "sujeitos" ou na condição de autor. Do ponto de vista da psicologia social, confere-se à elaboração um "poder" terapêutico específico, em geral negligenciado na terapia em geral, também porque nem sempre as vítimas saberiam elaborar (por não serem capazes de texto próprio, por analfabetismo, por inibição, por tolhimento etc.). No entanto, quem consegue escrever sobre os problemas tem chance de dominá-los relativamente, por obra analítica aproximativa. Sempre foi expectativa modernista científica dominar a realidade pela via da análise, postulando que é complexa apenas na superfície ou na primeira impressão; à medida que a decompomos em partes cada vez menores, vamos mais a fundo e no fundo encontramos uma realidade simples com uma explicação simples (coincidência entre ontologia e epistemologia). Foi assim que a física chegou aos átomos e até assumiu este conceito "átomo", que significa "não divisível", imaginando ter encontrado o último reduto da realidade. Foi ilusão, porque o mundo subatômico também não parece ter fim, porque a realidade, a rigor, não tem fundo último (Deacon, 2012). Mas teve enorme resultado prático: com este conhecimento bem formulado, é possível manipular a realidade vastamente, dando azo a novas tecnologias fantásticas que traduzem nosso domínio linear da natureza não linear (De Landa, 1997). Wilson alerta para os limites da abordagem, evitando qualquer panaceia, como é o caso da autoajuda, uma proposta insidiosa por perverter sua promessa original: em si, *autoajuda* significa uma ajuda que se dispensa; na prática, cria dependências malandras e espoliativas, por manipular receitas prontas que podem ser até úteis linearmente, mas não contribuem para dar conta de dificuldades não lineares de enorme complexidade e profundidade. Embora elaborar um problema implique igualmente simplificá-lo, porque é condição analítica epistemológica, facilmente ressuda a complexidade da causa, induzindo imediatamente a entender que não temos solução para tudo.

4.2 Elaborar é escrever

"O que não se elabora, não se muda": poderia ser a hipótese de trabalho aqui, válida para o mundo da educação. Esta ideia é, na verdade, autopoiética, se levarmos em conta que a vida é uma extraordinária "elaboração", em especial no horizonte evolucionário: a vida se autoforma, auto-organiza, autoconstrói, num movimento infindo de dentro para fora (Maturana, 2001; Deacon, 2012). Vida nunca é algo pronto, exceto na morte, quando cessa de se elaborar, mas, no cômputo geral, renasce de outras formas, para reelaborar tudo de novo. Tecnologia é uma elaboração acurada de forças no início desconexas, intempestivas, incontroladas, até que, por exemplo, eletricidade possa ser usada tranquilamente na tomada em casa. Cada nova tecnologia é apenas a mais recente, porque uma sucede outra, gerando outra, sem fim, num proces-

48 Aprender como autor • Demo

so exuberante de elaboração natural (Kelly, 2011; Arthur, 2009). Embora de modo predominantemente inconsciente, elaboramos a vida ao vivê-la, à medida que lhe imprimimos algum rumo, alguma escolha, alguma estruturação comportamental, algum objetivo. Viver ao léu também é possível, ao sabor das pressões, mas muitos diriam que não vale a pena. Elaborar implica, assim, a dinâmica de formação (que é sempre também autoformação) autoral, na qual podemos, em certa medida, tomar o destino nas mãos. Ao mesmo tempo, o que elaboramos pode ser reelaborado, por outrem ou por nós mesmos, porque nenhuma elaboração esgota as oportunidades. Assim como não há texto final, a não ser que se ofereça como peça dogmática, toda elaboração é interpretação e será reinterpretada (Thompson, 1995).

Quando vinculamos elaborar a escrever, fazemos apenas opção preferencial, não fatal, porque elaboração pode ser efetivada de mil modos, como o metabolismo nosso de cada dia nos mantém vivos, elaborando os alimentos e funções orgânicas, sem escrever...; ou como o vulcão elabora a lava em suas entranhas, sem escrever... Escrever faz parte dos estilos de elaboração humana que se tornaram base civilizatória, quando a oralidade deixou de ser forma única de expressão da linguagem. Com a imprensa, ganhou sua maturidade, sobrevivendo galhardamente no mundo virtual, já que o teclado usa os signos alfabéticos e numéricos comuns. Pode-se aprender sem escrever, porque a elaboração pode dar-se mentalmente ou em práticas que revelam processos sociais de elaboração. Desenho, escultura, pintura, música são elaborações de extrema expressão, sem escrita necessariamente.

No entanto, entre as habilidades que a escola deve cultivar estão ler, escrever e contar – todas dependem da escrita, pois nesta se manifestam perceptivelmente. Numa civilização da escrita, escrever é fundamental, o que se tornou tanto mais fundamental pelo fato de o conhecimento científico ser modulado por escrito. Textos multimodais mais próprios do mundo virtual sugerem que não só o escrito pode ser argumento científico; também imagem e seus correlatos (filme, vídeo, animações, música etc.). A academia luta contra a imagem como argumento, porque prefere ostensivamente a escrita. A razão é simples: escrita incorpora à risca a expressão linear das formalizações do método científico analítico, já que o texto escrito é a imagem da ordenação mental linear: de cima para baixo, da esquerda para a direita, linha por linha, página por página etc. Ao fim, o texto escrito se dilui em formas ínfimas (seus átomos), que são letras e números combinados sintaticamente para produzirem significados. Como método científico é armadilha bolada para capturar dinâmicas que se apresentam disparatadas e lhes imprimir uma estruturação ordenada, a estratégia mais exitosa até ao momento é o texto escrito. Embora nele acabe restando apenas a estrutura (a ossada), é a garantia de uma teoria considerada válida, de preferência universalmente. O conhecimento dinâmico sempre explode sua estruturação escrita, seja porque permite interpretações para além do texto, seja porque é uma redução tática mental, seja porque, via formalização, trabalha o que não é dinâmico na dinâmica (Massumi, 2002), mas garante-se no texto escrito, para nele também estiolar. A Wikipédia, em particular, mostrou que texto escrito é para ser reescrito; mas, para que seja sempre aperfeiçoável, precisa de formato escrito, ainda que fugaz. A escrita permite

50 Aprender como autor • Demo

manipulação, referência primordial do método: não se trata só de entender, mas de manipular a realidade, porque é da manipulação que emerge conhecimento científico como uma das formas mais efetivas de poder (Foucault, 1971; 1979). Na escola e universidade, no entanto, escreve-se o mínimo, em geral laconicamente: tomam-se notas de aulas e devolvem-se por escrito nas provas; por vezes há alguma leitura prescrita, mas cada vez menos, quando sequer aparecem como recurso didático; quase sempre temos apostila disponível de um experto esperto que precisa de um tolo para engolir. Este pode virar engenheiro sem saber elaborar uma página decente. Diz que sabe calcular, uma atividade hoje amplamente mecanizada eletronicamente.

Muitos professores hão de dizer que têm na cabeça suas aulas bem elaboradas, fruto de muita leitura e observação, de muita prática docente. Pode ser, porque não se pode alegar que, para aprender, só pela via da escrita. Se assim fosse, Sócrates estava liquidado. Mas, na civilização da escrita, dificilmente aprender poderia dispensar a escrita, porque é uma de suas roupagens mais indicativas e asseguradas. Muitos alunos alegam que têm tudo memorizado na cabeça, o que lhes permite fazer uma prova completa, mas, por não ter elaborado por escrito, perde-se no vento. É o problema dos "cursinhos", onde se compram aulas oferecidas por gente experta, que facilitam passar em provas duras, mas, se não passar, é preciso começar tudo de novo, porque tudo se esqueceu. **O que não se elabora, esquece-se antes.** Um projeto pedagógico da escola pode estar na cabeça dos docentes e do diretor, mas sem expressão escrita tende a ser conversa fiada. Quando escrito, também pode ser conversa fiada, mas logo fica exposta (Venturelli, 1992-1993). A necessidade de saber escrever, facilmente reduzida a soletrar ou a ler, não implicando autoria da escrita, advém da própria configuração da civilização da escrita, valendo o paralelo com a sociedade do conhecimento: nesta, o que importa, o que cria oportunidades efetivas, é produzir conhecimento próprio, não apenas repassar conteúdo que, nisto, já é coisa velha. Por isso, reclama-se da escola e da universidade que não fazem seus alunos escreverem, usando isso como referência principal de avaliação: avalia-se o que o estudante produz, não o que memoriza. É comum, por isso, a falta de texto próprio no professor e no aluno, mesmo quando se trata de docente de língua portuguesa. O resultado só pode ser: sem texto próprio docente, não há como imaginar texto próprio discente; escola e universidade se esvaem em conversas proferidas e escutadas, autocráticas e lineares, embalsamadas e repetidas, sem autoria. O sentido mais profundo da elaboração própria está na dinâmica de reconstrução de dentro para fora, na postura de sujeito, o que permite transformar uma ideia que vem de fora em ideia própria. Metaforicamente, é como sucede na digestão: o alimento somente se transforma em energia própria através do processo de digestão. Não é possível introduzir alimento diretamente na corrente sanguínea, por exemplo. Precisa, antes de tudo, ser deglutido e processado organicamente. Segundo biólogos, esta habilidade autopoiética (autoformação, de dentro para fora, na condição de sujeito) é comum ao ser vivo, não apenas aos humanos (Maturana, 2001). Por isso também não pode ser reduzida a "escrever", já que esta habilidade tem sido própria apenas dos humanos, mas escrever cristaliza de maneira mais efetiva e visível o processo elaborativo. Em sentido bem aproximado, elaborar é reconstruir, ou seja, tomar o que está dado e transformar em texto próprio, uma dinâmica

52 Aprender como autor • Demo

própria da hermenêutica do conhecimento – este não se reproduz, se reconstrói (Becker, 2001; 2003; 2007).

4.3 Elaborar é reconstruir

Em geral, educadores enfatizam a importância de ler, pois visualizam na leitura atitude fundamental da aprendizagem (Barone, 1994; Barreto et al., 1988; Bettelheim; Zelan, 1984; Ferreiro; Teberosky, 1991; Ferreiro, 1992; Freitas, 1989). Teorias da aprendizagem mais consagradas valorizam elaboração ostensivamente: no construtivismo, conhecimento se constrói, não se repassa; na maiêutica, o diálogo crítico leva a formular ideias próprias sustentadas pela autoridade do argumento (também na teoria crítica); na autopoiese, instrução é impraticável, porque tudo que entra na mente, entra por dentro, na posição de sujeito (Matenciio, 1994; Silva, 1991; Souza e Silva, 1991; Vieira, 1988). Esta expectativa se reavivou sobremaneira na *web 2.0*, em textos multimodais, embora seja visível que dinâmicas autorais sejam bem menos vigentes que as copiadas/plagiadas (Weinberger, 2011; Prensky, 2010). Em geral, exige-se que cada escola tenha biblioteca, mas tende a ser enfeite (assim como o laboratório de informática), porque o primeiro que não lê é o professor; não por má vontade, mas porque não foram formados em contexto de leitura como parte necessária da aprendizagem (Molina, 1988; Patto, 1993; Werneck, 1993). A aula típica da escola é aquela na qual o aluno é compelido a escutar um docente que também quase sempre copia e repassa, a copiar o conteúdo repassado, a memorizá-lo e a reproduzi-lo na prova. Esta cadeia é a alma do sistema de ensino, cujo ícone é a "grade" curricular (no sentido de "prisão" de Foucault,

1977). A habilidade suposta funciona pelo avesso, porque se esmera na subalternidade da cópia, dentro de sociedade que continua cópia subalterna. Os três atos previstos aperfeiçoam a submissão, no seguinte esquema: i) escutar o que o docente repassa; ii) copiar o conteúdo repassado; e iii) reproduzir na prova.

Dois problemas se manifestam neste processo didático, principalmente. De um lado, não acontece aprendizagem efetiva, porquanto em nenhum momento se ativa o desafio de reconstruir conhecimento. A escola continua definindo-se como lugar privilegiado do repasse de conteúdo, ou de sua apropriação, aquisição, socialização, em vez de assumir o novo tempo didático, marcado pela habilidade formal e política reconstrutiva (Becker, 2001). O docente é cópia e o aluno é cópia da cópia (Freitas, 1989; Frigotto, 1989; Werneck, 1993). De outro lado, não acontece cidadania inovadora, pois em nenhum momento se cultiva o sujeito capaz de se definir e de intervir de maneira alternativa. Ao contrário, prefere-se o subserviente, cuja especialidade política é "amém!". A escola continua falando de cidadania, mas é muitas vezes imagem viva de sua negação, porque nem os docentes a conseguem vivenciar, por não representarem a energia viva da intervenção ética e inovadora na realidade, muito menos os alunos a constroem, porque lhes é vedado saber pensar para melhor intervir (Demo, 2004).

Torna-se crucial lançar sobre a leitura, no eco de Paulo Freire, a expectativa de desvendar o mundo de maneira crítica e criativa, à medida que sinalizaria a emergência de um sujeito historicamente capaz (Freire, 1997). Ler não pode restringir-se aos atos mecânicos da absorção dos conteúdos. Não pode ficar apenas no "ver" – assimilar passivamente o que se repassa, engolir o texto. Precisa centrar-se na formação da habilidade de "compreender" – interpretar o texto e principalmente refazer o texto, emergindo nele não como simples porta-voz, mas como alguém capaz de compreender a mensagem pela via de interpretação própria e sobretudo fazer-se mensagem própria. Aí escrever torna-se algo essencial, porque comparece como a prova concreta da compreensão e, em especial, da reconstrução. Somente sabemos se apenas vemos ou compreendemos um texto se conseguimos refazê-lo por escrito. Esta pode ser considerada autêntica "prova dos nove", no sentido de tirar a limpo se de fato sabemos compreender ou apenas ver. Retratar de modo copiado um texto é uma coisa. Outra coisa é revelar a competência de interpretá-lo com adequada autonomia própria e, com isto, saber refazê-lo já como autor ou coautor. De fato, habilidade somente aparece na capacidade de compreender não linearmente, tendo em vista que apenas entender linearmente ainda é só reproduzir. Esta prática reducionista, por vezes canhestra, aparece facilmente na ideia difundida de "fichar" livro: anota-se do livro algum trecho, pedaço da orelha, ou copia-se certa parte, passando ao largo do esforço de elaborar, uma praxe agora extremamente facilitada pela internet (Google, sobretudo). Do ponto de vista da educação, lemos um autor para nos tornarmos autor.

Assim, para que a leitura frutifique na devida habilidade e na devida cidadania, precisa da escrita, da redação própria, da formulação pessoal, o que vem categorizado no conceito de *contraleitura* (Demo, 1994). *Contraler* significa, em sua substância melhor:

a) "compreender a proposta do livro ou do artigo, globalmente, em sua argumentação completa;

b) testar e contestar os conceitos fundamentais, de modo a dominar a estrutura básica do texto;

c) reescrever o texto em palavras próprias, seja para melhor compreender, seja sobretudo para ultrapassar" (Demo, 1994:81).

Podemos afiançar, com isso, que a leitura, como a concebe Paulo Freire e todos os autores comprometidos com a emancipação do sujeito, implica, ao mesmo tempo, habilidade formal e política, ou seja, a capacidade de compreender e de intervir. A escrita, neste quadro, representa a comprovação concreta do sujeito capaz de autonomia e intervenção, como condição necessária, ainda que não suficiente. Somente escrevendo garantimos que sabemos compreender e sobretudo que somos capazes de formular proposta alternativa prática (Ferreiro, 1992; Ferreiro; Teberosky, 1991). Escrever comparece como realização palpável da autonomia do sujeito, que não encontra na leitura apenas o floreio retórico, ou a maneira erudita de ver, ou o armazenamento passivo de informações, mas a demonstração concreta de que é possível saber pensar para melhor intervir. Não é incomum entre educadores bastar-se com mera consciência crítica que, se ficar apenas nisso, não é crítica, nem consciência propriamente. Sobretudo com respeito aos excluídos, não é suficiente saber da exclusão, porque, se solução houver, ela passará principalmente pela capacidade de contraproposta prática, o que exige também "saber escrever", no sentido de, lendo bem, saber confrontar-se concretamente. É mister buscar na leitura principalmente seu impacto histórico e que vem sinalizado principalmente na capacidade de escrever.

O que mais acabrunha a cidadania do excluído não é só a dificuldade extrema de compreender o contexto sócio-histórico em que está inserido e dominado, mas principalmente de não saber apresentar-se com habilidade própria propositiva, realizando-se como intervenção alternativa. Ler – se for apenas ver – não basta. Por isso, a leitura que inclui a escrita garante-se melhor como estratégia de consciência crítica que se traduz em intervenção alternativa. É triste a situação do pobre que não fala, mergulhado em profunda pobreza política (Demo, 2007). Condenado à mudez por não conseguir expressar-se, sobretudo por não dominar a língua culta da elite, o veredicto histórico mais fatal, entretanto, não é a mudez da língua, mas a mudez da história. É claro que não precisamos insistir nesta distinção, já que, pelo menos em certo sentido, como diz Austin (1990), "dizer é fazer". Mas o risco de separação existe e na escola talvez já seja paradigmática, em dois horizontes sobretudo:

a) nem do simples dizer se cuida bem, quando a escola se contenta com qualquer expressão do aluno, imaginando que apenas dizer, já basta; com isto dispensa-se o estudo da língua culta, precisamente aquela da elite e para a elite, dificultando sobremaneira a participação do excluído, relegado a conformar-se com o mundo da exclusão; se é importante valorizar a maneira própria de o excluído se expressar, muito mais importante é valorizar a habilidade para sair da exclusão, o que demanda, entre outras coisas, confrontar-se com a elite dentro da linguagem de elite; escrever bem bom português é estratégia crucial;

b) muito menos se cuida do bem fazer, já que marca da escola é muitas vezes a cópia subalterna, manejada por sistema que precisa do ignorante, não do cidadão; se o professor é tolhido de elaborar proposta pedagógica própria, contentando-se em ser porta-voz dos outros ou de fazer o discurso dos outros, muito mais o aluno acaba tornando-se portavoz do porta-voz; não alcançando compreender o texto, será tanto mais difícil refazê-lo com autonomia e capacidade de intervenção alternativa; escrever seu projeto histórico próprio não pode ser apenas metáfora, mas pé da letra (Frigotto, 1995).

Quando nos satisfazemos com a expressão truncada do excluído, já desistimos de que a escreva, porque o que propriamente se trunca é menos a expressão do que a participação dele. Na verdade, o caminho correto seria o inverso: é mister exigir a escrita autônoma para garantir a compreensão crítica e vice-versa. Como, entretanto, os docentes, na regra, não escrevem, e por conta disso também se expressam mal, não há como inventar este milagre no aluno. Este apenas retrata – aumentada – a miséria da escola. Assim, podemos dizer: a escola que não escreve também não lê a realidade. A partir disso pode-se induzir a dificuldade que a população tem de se expressar de modo adequado. Se falar já é problema, o que não se há de dizer quanto a escrever. Como escrever supõe melhores condições de elaboração, o que seria indicador normal de cidadania, acaba ficando nas mãos de poucos, como se somente poucos a pudessem realizar. O que mais preocupa, entretanto, é que o profissional

58 Aprender como autor • Demo

da reconstrução do conhecimento – o professor – se tenha distanciado tanto deste compromisso, contentando-se já com apenas expressar-se do jeito com que cada um puder. Quem não escreve bem tende a ser mudo, ou apenas tartamudeia, ou fala naturalmente mal (Gentili, 1995). Ao final, vem a constatação vexatória: somente 26% da população adulta é "plenamente alfabetizada".

4.4 Elaborar é saber pensar

O analfabetismo vai tomando outras formas históricas. Agora saber ler, escrever e contar não basta mais, porque se tornou apenas pressuposto técnico. Com as novas tecnologias, habilidades tecnológicas digitais fazem também parte da alfabetização, à medida que elas se tornam ubíquas. Podemos aprender sem elas, como sempre foi o caso, mas, tornando-se ubíquas, dificilmente aprendizagem ficará fora disso (Demo, 2009). Mas, para além disso, ser alfabetizado implica, hoje, capacidade de texto próprio, precisamente como quer o grupo de professores de ciência americanos e israelenses (Linn; Eylon, 2011), começando formação científica já no pré-escolar. Busca-se que a criança se torne, desde cedo, "cientista pesquisador", para ser protagonista de sua sociedade, manejando com desenvoltura a energia mais típica de sua configuração histórica. Ciência se aprende fazendo ciência. A criança não vai ouvir sobre ciência, vai fazê-la. Entra em cena o desafio de saber pensar (Demo, 2000): não só acessar informação, mas fazer informação (Christian, 2011; Weinberger, 2011).

A tabela a seguir, sobre alfabetismo funcional no Brasil, indica que apenas 26% dos adultos são "plenamente alfabetizados", uma cifra que se manteve a mesma em

2001/2001 e 2011/2012. Custa crer que apenas um quarto da população possa ser aí catalogada, o que sugere estarmos mantendo sistema de ensino completamente caduco. Visivelmente a população não sabe pensar.

Evolução do indicador de analfabetismo funcional na população de 15 a 64 anos (%)		
	2001-2002	2011-212
Analfabeto	12	6
Rudimentar	27	21
Básico	34	47
Pleno	26	26
Analfabetos funcionais (Analfabeto e Rudimentar)	39	27
Alfabetizados funcionalmente (Básico e Pleno)	61	73

Fonte: Instituto Paulo Montenegro. Disponível em: <http://www.ipm. org.br/ipmb_pagina.php?mpg-4.02.01.00.00&ver=por>.

Dentre tantas dimensões deste outro analfabetismo, vamos destacar apenas aquela que passa pelo "não saber escrever". Significa, desde logo, não saber redigir mensagem, e sobretudo não saber fazer-se mensagem. Não sinalizamos aqui mormente carência pedagógica de teor escolar, mas principalmente vazio fatal no edifício da cidadania, em duas direções mais específicas: de um lado, a

60 Aprender como autor • Demo

dificuldade de reconstruir conhecimento – que inclui sempre também a incapacidade de elaboração própria, inclusive escrita – priva a pessoa do acesso à alavanca central da inovação; de outro, a falta de proposta própria elaborada denuncia a condição de massa de manobra, pois a emancipação continua dependente de elaboração externa, tendencialmente estranha. Saber escrever é condição crucial para se fazer história própria, ou, como se diz, de escrever a própria história.

Aproximamos, pois, o saber escrever da capacidade de elaboração própria, que é condição necessária, embora não suficiente, de qualquer mudança pedagógica. Não se exclui a possibilidade de elaborar na mente, porque, antes de algo ser codificado no papel, está na cabeça.[1] Acentua-se, entretanto, que ter na mente pode ainda ser estágio primitivo do saber intervir. Sobretudo, somente temos convicção concreta de que compreendemos algo se o sabemos escrever, no sentido de elaborar, redigir, tecer. Vemos isso facilmente na leitura. Geralmente, ao lermos, não vamos além de "dar uma olhada no livro". Por vezes, fazemos uma ficha, retratando certas passagens ou certas ideias. Dificilmente nos confrontamos com o livro. Confrontar-se com o livro supõe reescrevê-lo, ou seja: compreender profundamente a estrutura do livro, sobretudo sua proposta; desmontar analiticamente esta estrutura e discutir as partes e o todo; refazer, com mão própria, o livro, tornando-se coautor, ou mesmo, novo autor. Aí, então, podemos garantir que não

---

[1] É muito conhecida a passagem de Marx na qual compara a melhor abelha com o pior arquiteto, mostrando a superioridade deste ainda assim. É que a abelha reproduz instintivamente sua arquitetura, enquanto o arquiteto a concebe antes na mente, dentro de um processo que pode ser criativo (Antunes, 1995).

só compreendemos o livro, como sabemos fazer nosso próprio livro. Escrever sua própria história é atestado central de habilidade e autonomia. Esta condição é hoje clara na Wikipédia: um clube de autores, onde todos fazem texto próprio, exercitando um saber pensar calcado na autoridade do argumento, para benefício comum.

Quem não escreve, dificilmente compreende bem e muito menos sabe criar algo alternativo. A discussão em torno do projeto pedagógico é paradigmática, sobretudo em seus vazios. De um lado, tornou-se já patrimônio comum que é imprescindível projeto pedagógico em toda escola, que se volte ao compromisso da aprendizagem dos alunos e a torne estratégia viva, sempre renovada, desse compromisso. De outro, pulamos alguns passos que, como sucede na matemática pulada, nos obrigam a decorar fórmulas, em vez de saber deduzi-las e recriá-las. O passo mais comprometedor é a elaboração própria do projeto pedagógico pessoal. A maioria dos professores não sabe escrever seu projeto pedagógico, ou sente dificuldade ingente para tanto. Esta habilidade não foi tomada a sério na formação original, nem é parte da capacitação em serviço. Inventou-se, então, a quimera segundo a qual o professor sozinho não sabe, mas em companhia, em grupo, sabe. Por certo, a habilidade humana encontra seu ponto alto na sua expressão coletiva, porque se trata de construir sociedade alternativa e não só de proporcionar indivíduos criativos. Mas não se chega aí sem passar pelo burilamento individual. Mesmo que tenhamos de aceitar que tal burilamento individual não prescinde, jamais, do burilamento coletivo, há o momento individual, até porque sociedade não é apenas um monte de gente, mas a organização de cidadãos críticos e criativos.

62 Aprender como autor • Demo

Por outra, não podemos imaginar que o projeto pedagógico coletivo seja resultado da soma das precariedades individuais. Ao contrário, deveria representar a articulação das habilidades pessoais, convergidas para energia comum. Persiste ainda visão muito banalizada de discussão conjunta, como se fosse encontro marcado pelo "chute" descompromissado. Onde não se leu adequadamente, sobretudo não se elaborou pessoalmente, a rigor não há como contribuir. O projeto coletivo precisa representar estritamente a confluência das contribuições criativas, não a invenção de texto esfarrapado, seja trazido de fora (consultoria), seja redigido por alguns à revelia da maioria, ou esperado assim pela maioria. A ignorância somada só fica maior. Somos, pois, compelidos a reconhecer que, se não somos capazes de redigir projeto pedagógico pessoal, não temos habilidade suficiente para contribuir criativamente com o projeto coletivo. Se o projeto pedagógico só tem sentido se for a expressão do professor-sujeito, é totalmente incongruente bastar-se com a passividade de quem não lê, não escreve e, por isso, não tem com que colaborar. Uma escola "analfabeta" – que não sabe pensar – não pode estar na origem de projeto pedagógico que deveria garantir principalmente o saber pensar.

Certamente, uma das faces mais evidentes da precariedade da aprendizagem em língua portuguesa está no fato de que cada vez menos se escreve, valendo isso igualmente para o professor. Lê-se mais, porque a ocasião e necessidade de leitura aumentam na sociedade (por exemplo, no supermercado, é preciso ler rótulos, validades, preços etc., somos inundados de anúncios nas ruas e à porta de cada qual, bem como, assistindo à TV, aparecem a cada momento expressões escritas; no celular temos de ler constantemente). Mas escrita não tem evoluído, também porque com a "ajuda" da *web*, muita coisa já vem escrita: basta copiar (Carr, 2010. Morozov, 2011). É difícil encontrar o texto do professor, que decaiu para apostilas copiadas, ou para a submissão a livros didáticos estranhos (Molina, 1988. Freitag et al. 1993). Se o professor só tem o discurso do outro, faz o aluno caudatário dos outros. Vale a analogia: o país que não escreve sua própria história, escora-se na história do outro (Amsden, 2009). Enquanto o Primeiro Mundo pesquisa, o Terceiro dá aula.

4.5 Curso com exercício de autoria

Para ilustrar a noção de **pesquisar e laborar** em termos práticos, analiso formatos alternativos de cursos (Demo, 2011c), concebidos e realizados em muitas ocasiões no país. Trata-se de colocar em ação a construção de ambientes efetivos de aprendizagem autoral, mostrando como se pode pesquisar e elaborar como atividades centrais de cursos, sem recair no instrucionismo corriqueiro. Em parte este tipo de proposta nasceu da reação às assim chamadas "semanas pedagógicas", uma indústria bilionária fundamentalmente duvidosa, ou mesmo inútil. O próprio MEC/Inep, uma vez, comparou a proficiência de alunos que estudaram com docentes afeitos a semanas pedagógicas com outros que estudaram com docentes sem semana pedagógica, desvelando que o diferencial é tão baixo que não chega a valer a pena (Demo, 2006:54). Mas isso não teve qualquer efeito, porque o próprio MEC continua financiando este tipo de atividade que, como regra, não chega a beneficiar a nenhum aluno, tendo em vista que são propostas classicamente instrucionistas. Tem-se a impressão na semana pedagógica que o órgão da aprendizagem é o ouvido (é o cérebro, que naturalmente precisa do ouvido). Os docentes precisam de formação continuada, sim, com extrema urgência, mas não de teor instrucionista, reincidindo na balela oficial do aumento de aula. Dados indicam que aumentar aula não significa necessariamente aumentar a aprendizagem, porque entre aula e aprendizagem não há correlação apreciável, quando não há incompatibilidade crescente (Linn; Eylon, 2011). Docentes precisam voltar a "estudar", no sentido pleno desse termo: dedicar-se à sua **formação autoral**. Isto demanda tempo longo, dentro do próprio trabalho (porque é parte impreterível do bom trabalho), oportunidades diferenciadas nas quais se possa pesquisar e elaborar, cursos autênticos que exigem produção própria, chances de divulgar e publicar a produção, e assim por diante. Por conta disso, tenho montado algumas perspectivas teóricas e práticas, das quais relato agora duas versões, por serem mais claramente fincadas na dupla "pesquisar e elaborar":

a) Curso de seis dias: trata-se de uma oferta de curso no qual não há aula (de caso pensado, para mostrar que aula não faz falta), solicitando-se que os docentes estudem textos e elaborem textos todo dia, sendo suas produções avaliadas à noite, para a avaliação estar disponível no dia seguinte cedo; para montar o curso, preparo um grupo de professores (chamado em geral de "grupo-base") durante um ano, tornando um grupo de autores, a ponto de, ao final desse período, se poder publicar um livro coletivo; é uma premissa indispensável para superar a propensão instrucionista avassaladora que acaba introduzindo a aula copiada como peça-chave do curso; é também importante para conferir à Secretaria de Educação devida autonomia para organizar a educação permanente sem dependências externas; enquanto o grupo capricha em sua autoria, organiza-se o curso (bem como outras atividades de interesse), que começa pela escolha de textos a serem estudados/pesquisados todo dia (vira um cadernão); discute-se modo de avaliar (por exemplo, com ou sem nota, critérios de avaliação etc.), fundamento teórico e prático do curso, estilo de aprendizagem em jogo, componentes que fazem parte de um texto chamado "regras de jogo", elaborado pelo grupo; o curso começa numa segunda-feira, com uma manhã introdutória, na qual se especificam as "regras de jogo", após uma recepção calorosa aos cursistas; ao final da manhã passa-se um filme (longo) que tenha a ver com a proposta do curso; à tarde, pesquisam-se os primeiros textos (seleciona-se um entre alguns), por duas horas, seguindo-se duas horas de elaboração individual; o resultado é avaliado à noite pelo grupo-base, estando disponível na manhã seguinte; a experiência tem mostrado que os docentes não têm texto próprio: não sabem estudar, pesquisar, elaborar, embora deem aula todo dia! Fruto da preparação muito insuficiente inicial, não são autores, parecendo-lhes inclusive estranha esta reivindicação do curso; é um susto enorme descobrir no dia seguinte uma avaliação com desempenho muito baixo – o grupo-base é preparado para lidar com esta frustração, aceitando reler o texto, reavaliar, cabendo sempre poder refazer; na terça-feira, após o transe da avaliação, começa pesquisa textual até ao meio-dia, havendo ao final da manhã um filme (pequeno); à tarde há mais tempo para elaborar e é feita em grupos de até cinco, terminando com uma assembleia geral, na qual os grupos são solicitados a expor seus resultados, que são, de novo, avaliados à noite; na quarta-feira, após a revisão da avaliação, volta-se a

66 Aprender como autor • Demo

pesquisar textos, terminando a manhã com um filme (pequeno); à tarde há elaboração individual, terminando com um filme (longo); na quinta-feira organiza-se a oportunidade de dramatização, dentro da regra de pesquisar e elaborar, em grupos de até dez docentes, com acesso a algum material de apoio (papel, cartolina, lápis de pintar etc.), sendo antes imprescindível elaborar *script*; à tarde, ocorrem as apresentações, funcionando o grupo-base como júri; à noite faz-se avaliação da performance e do *script*; na sexta-feira pode-se fazer uma saída, se houver logística para isso (por exemplo, visitar praças para pesquisar sua condição de espaço público; ou um rio poluído que corta a cidade), com a finalidade de colher dados para depois analisar; à tarde ocorre esta análise individual (seguida de filme longo) que será avaliada à noite; saída é uma ideia, podendo-se criar outras, como, por exemplo, uma apresentação e discussão dos resultados do Ideb no município; o sábado é reservado para o projeto pedagógico: após cinco dias de exercício autoral, volta-se para a escola e a pergunta é: o que se há de mudar para que o estudante aprenda bem...; oferecem-se alguns textos sobre isso, seguindo-se à tarde uma elaboração coletiva (que será avaliada depois); ao fim da tarde, encerra-se o curso com alguma solenidade.

Como fica claro, o curso é um exercício intensivo de pesquisa e elaboração, em geral visto como muito cansativo (pensar cansa!), porque os docentes não estão habituados a estudar com afinco e responsabilidade pelos resultados; a introdução de filmes é charme interessante, também para trazer à baila novas tecnologias; a parte central do curso está no estilo de aprendizagem autoral, sendo o "resto" recheio e que depende de cada grupo-base; os três primeiros dias são reservados para pesquisar textos, levando-se em conta a carência extrema de leitura entre os docentes; por isso também o cadernão contém uma seleção prolífera de textos, para que os docentes tenham depois à disposição; ainda, a cada fim do dia os cursistas preenchem um "diário de bordo", no qual relatam sua impressão do curso, servindo para orientação do grupo-base; o curso, em geral, consegue construir a mensagem de que aprender não é aula; consegue também estabelecer que todo professor, se estudar adequadamente, melhora muito seu desempenho como mediador da aprendizagem discente; se é verdade que seus textos são, inicialmente, uma miséria escabrosa, isto vai mudando rapidamente, vindo à tona a grande vocação docente: saber aprender bem. Este é um tipo de curso que todos os docentes deveriam fazer pelo menos duas vezes ao ano, no sentido da formação permanente. A semana pedagógica não precisa desaparecer, mas sua utilidade é bem relativa.

b) Curso híbrido sobre AVAs: quase toda escola pública tem laboratório de informática que não funciona porque ainda não é parte da aprendizagem do professor; a política do laboratório de informática ignorou o professor, quando o primeiro a ser incluído nas novas tecnologias é o professor; enquanto este não encaixar sua aprendizagem no contexto das novas tecnologias, o laboratório de informática é apenas referência imposta e/ou estranha; por isso, pensou-se num curso para docentes que apresentam esse interesse ou estão envolvidos com o laboratório de informática. Não cabe curso aligeirado, que não passa de "treinamento" – é preciso oferta que implique exercício de autoria (*textos multimodais*, que combinam escrita com animação, áudio, vídeo etc.), ou seja, cuja atividade central seja produção própria dos cursistas, sob orientação e avaliação de um grupo adrede preparado; torna-se importante saber usar plataformas

68 Aprender como autor • Demo

da *web 2.0*, para geração de conteúdo próprio, conhecer experiências bem-sucedidas (Wikipédia e *videogames* sérios, principalmente), exercitar produção individual e coletiva, ensaiar pedagogias da problematização e autorais. Na prática é o que novas tecnologias trazem de mais útil – **são relevantes, se de fato aprendermos melhor com elas.** Pensa-se num curso híbrido de seis meses, com presença física bissemanal e o resto do tempo virtual, sob orientação do grupo-base, com o objetivo de elaborar textos multimodais em equipe de até três pessoas. A cada encontro de presença física não se dão aulas, mas organiza-se a produção das duas semanas seguintes, e reveem-se as produções anteriores, postadas em tempo hábil em alguma plataforma do curso (*moodle*, por exemplo). O conteúdo do curso pode ser organizado, a título de exemplo, da seguinte forma (o primeiro encontro é de presença física, para dar conta da estruturação, lógica, dinâmica do curso, estabelecer regras de jogo [interjogo de presença física e virtual, modos de trabalhar com presença virtual, modos de trabalhar em equipe, uso do *moodle* – prazos de entrega dos textos, acesso ao grupo-base, avaliação pelo grupo-base, avaliação por pares, comentários de todos a cada texto...], critérios de avaliação da produção etc.):

P(eríodo) 1 (duas semanas) – Tema: Aprender – Pesquisar/Elaborar – Autoria

P2 – Aprender virtual – Textos multimodais (*remix*) – AVAs (Ambientes Virtuais de Aprendizagem) – Autorias virtuais

P3 – *Web 2.0* – Modismos e aproveitamento – Geração de conteúdo próprio – Autoria

P4 – Wikipédia como exemplo – Clube de autores; novas epistemologias

P5 – *Videogames* como exemplo – melhor ambiente de aprendizagem?

P6 – Fluência tecnologia (novas alfabetizações)

P7 – Teorias e práticas da aprendizagem em AVAs – Reaproveitamento das teorias vigentes em ambientes digitais

P8 – Pesquisa na *web* – Usos e abusos

P9 – TCC – Projeto – Uso autoral da *web*

P10 – TCC – Conclusão (apresentação do trabalho).

O curso está pensado para funcionar sem exigir que o cursista se afaste do trabalho. Não é ideal, mas é realista. A experiência tem mostrado extrema utilidade desse tipo de proposta, em geral com reconhecimento dos cursistas em duas direções explícitas: fica claro o que é *aprender*, bem como fica claro o que é *aprender com novas tecnologias*. Não é assim que só podemos aprender com novas tecnologias – estas só são relevantes se tivermos oportunidade de aprender ainda melhor. É fundamental que os docentes utilizem novas tecnologias como instrumentação fundamental de sua aprendizagem, fazendo delas oportunidade a mais de autoria. Esta autoria pode, então, ser elevada ao patamar das elaborações virtuais, ganhando atualização sem precedentes. A partir daí, o laboratório de informática passa a fazer sentido.

Este tipo de proposta tem sua razão de ser como ultrapassagem do instrucionismo que empesteia escola e universidade (Arum; Roksa, 2011). Olhando bem, os cursos oferecidos hoje são obsoletos, porque, ao invés de levarem à autoria discente, empurram para o repasse de conteúdo morto, como se o docente fosse coveiro. Não precisamos do cemitério do conhecimento, precisamos de sua energia indomável.

05

DISCUTINDO CHANCES AUTORAIS

Embora na escola e universidade impere a aula instrucionista, sem cerimônias, sempre existiu movimento contrário que, não por acaso, pode ter começado com a maiêutica. Sócrates não respondia a perguntas; fazia outras. Entre as contribuições vou destacar a de Bean (2011), em sua reedição de um texto bem urdido em torno da integração de escrita, pensamento crítico e aprendizagem ativa na sala de aula (primeira edição foi em 1996). Para meu gosto, a obra ainda se prende em excesso à aula, mas trabalha muito bem alternativas autorais, insistindo principalmente na oportunidade de *escrever/elaborar* como referência crucial da aprendizagem profunda e do pensamento crítico. Cita Light (2001) para vincular elaboração e envolvimento do estudante:

> "A relação entre o montante de escrita para um curso e o nível de envolvimento dos estudantes – quer envolvimento seja mensurado por tempo gasto no curso, ou pelo desafio intelectual presente, ou pelo nível de interesse dos estudantes

72 Aprender como autor • Demo

– é maior do que a relação entre envolvimento dos estudantes e qualquer outra característica do curso..." (Light, 2001:55).

Está-se sugerindo que escrita pode ser fator de motivação do estudante, porque este se sente envolvido no curso, ao contrário de quando apenas fica escutando e memorizando. Pesquisa mais recente conduzida por National Survey of Student Engagement (NSSE) (Levantamento nacional do envolvimento estudantil) e por Council of Writing Program Administrators (WPA) (Conselho de Administradores do Programa de Escrita) mostra que, para fomentar envolvimento e aprendizagem profunda, o número de tarefas de escrita num curso pode não ser tão importante quanto o *design* em si das tarefas de escrita (Anderson et al., 2009). Não pode estranhar este resultado, porque estamos falando de aprendizagem autoral, não de produzir texto a quilo: interessa a qualidade do texto, não sua quantidade. A relevância da escrita autoral está em introduzir o estudante no *métier* da produção de texto científico, tornando-o não expectador passivo e enojado, mas protagonista de sua sociedade, passando a perceber que suas oportunidades advêm, como regra de ouro, da capacidade de produção própria de conhecimento (Linn; Eylon, 2011; Wagner, 2008).

Torna-se fundamental integrar atividades de elaboração e de pensamento crítico no curso, num contexto de reciprocidade instigante. Alguns passos são sugeridos:

a) tornar-se familiar com alguns princípios gerais, vinculando elaboração à aprendizagem e pensamento crítico; elaborar precisa comparecer como estratégia de aprendizagem, muito além do exercício alfabetizador; para contribuir nesta direção, levem-se em conta: i) pensamento crítico está enraizado em problemas, do que segue a importância da pedagogia da problematização, como já dizia Dewey: "só lutando com as condições do problema frontalmente, buscando e achando sua estruturação, o estudante pensa" (1916:188); é parte do desafio despertar os estudantes para problemas interessantes à sua volta, incitando a curiosidade natural (Meyers, 1986:188); Bain, discutindo o que bons professores fazem para terem esta fama, alega que sabem intrigar os estudantes, colocando minhocas na cabeça (2004), exigindo o máximo de cada um com elegância e dando bom exemplo de autoria; Brookfield (1987; 2006; Brookfield; Preskill, 2005) descreve pensamento crítico como iniciativa a ser construída através do exercício constante e perseverante da elaboração cada vez mais caprichada; aprende-se a elaborar, *elaborando todo dia*, em cujo percurso vamos aprendendo gramática, expressão discursiva, estilo próprio; ii) pensamento crítico aloja-se em domínios disciplinares e genéricos, até porque nem todos os problemas são gerais, ou são acadêmicos; estes são tipicamente disciplinares, formalizados, metodicamente tratados e fazem parte fundamental da aprendizagem escolar (Beaufort, 2007); parte do desafio está em questionar pressupostos tomados como certos (Kurfiss, 1988), dentro do pano de fundo epistemológico de que toda proposta pode ser contraproposta...; texto é tecido, urdido, trançado, sem estruturação completa; trançar supõe destrançar, para retrancar; e iii) importante anotar o *link* entre elaboração e pensamento crítico – elaborar, se bem feito, é dinâmica crítica, à medida que assoma o autor com interpretação própria e limitada; texto crítico precisa, antes, ser autocrítico, para não cair na própria armadilha; todo texto é discutível, também porque emergiu de outros discutíveis, e assim fica (a exemplo vívido da Wikipédia);

b) conceber o curso com objetivos de pensamento crítico em mente – caminho preferido é *problematização dos conteúdos*, ao invés de repassá-los simplesmente; Kurfiss (1988) oferece oitos princípios: i) pensamento crítico é habilidade que se pode aprender, sendo fundamental o papel docente e dos pares como coautores, em especial desafiando conceitos gastos ou crendices recorrentes; ii) problemas, questões ou conteúdos são ponto de entrada numa disciplina e fonte de motivação para pesquisa sustentada; iii) cursos exitosos equilibram desafios do pensar criticamente com suporte talhado às necessidades de desenvolvimento do estudante; iv) cursos são centrados em tarefas, mais do que em apostila e aula; objetivos, métodos e avaliação enfatizam reconstruir conteúdos, não apenas adquiri-los; v) estudantes são instados a formular e justificar suas ideias com elaboração argumentativa ou outros modos pertinentes; vi) estudantes colaboram com aprender e estender seu pensamento, por exemplo, resolvendo problemas em pares ou grupo pequeno; vii) vários cursos, em particular os que trabalham habilidades de solução de problemas, alimentam habilidades metacognitivas dos estudantes (conhecimento que questiona o conhecimento); viii) as necessidades de desenvolvimento dos estudantes são reconhecidas e usadas como informação no *design* do curso; os docentes montam problematizações instigantes, nas quais emerge a necessidade de pensamento crítico autocrítico (*scaffolding*) (Kurfiss, 1988:88-89; Bean, 2011:5);

c) conceber tarefas de pensamento crítico para os estudantes trabalharem – é arte docente criar bons problemas para os estudantes enfrentarem, desfazendo assim o ambiente instrucionista: aula é para produzir texto com pesquisa, não para repassar conteúdo;

d) desenvolver repertório de caminhos para tarefas de pensamento crítico ou, em sentido prático, problematizações do conteúdo curricular que passam a ser a tarefa de cada dia, não aula: i) problemas como desafio de escrita formal; ii) problemas como provocação para escrita exploratória (ensaios); iii) problemas como tarefa para grupos pequenos; iv) problemas como pontapés para discussão em aula; v) problemas como questões para prática das provas; visivelmente, problematizar é arte docente que precisa ser construída e exercitada, em especial porque estamos viciados com aula instrucionista;

e) desenvolver estratégias para incluir elaboração exploratória, conversa e reflexão nos cursos; trata-se de desfazer o cenário autocrático da aula instrucionista, centrado na autoridade intocável do docente, flexibilizando tempo de pesquisa, leitura, conversa, escrita, o que, em geral, pede outra estruturação curricular; por exemplo, não aula de 45 minutos, mas provavelmente a manhã toda, ou mesmo a semana toda;

f) desenvolver estratégias de ensino de como as disciplinas usam evidência para suporte de pretensões científicas; conhecimento implica fundamentação analítica formal, tornando-se imprescindível que os estudantes se apercebam desse tipo de estruturação textual e mental, com base na autoridade do argumento;

g) desenvolver estratégias efetivas para orientar (*coaching*) estudantes em pensamento crítico; parte central é a epistemologia da aprendizagem de cunho autoral: pensamento crítico implica a coerência da crítica, que é a autocrítica – crítica coerente carece ser criticada, texto bom é aberto, pode ser refeito; argumento precisa de fundamento, mas não admite fundamento último;

h) no caso de elaboração formal, tratar elaboração como processo – busca-se condição formativa que se aprimora com o exercício autoral; "na maior parte dos tipos de cursos, o 'produto' do estudante que mais claramente exibe os resultados do pensamento crítico é uma peça de *elaboração formal*, abordando um problema aberto" (Bean, 2011:10).

Aumenta muito a responsabilidade docente, porque passa a cuidar que o aluno aprenda (Demo, 2004a), ao invés de apenas dar aula. Assim é: cuidar da aprendizagem do estudante sempre dá mais trabalho, mas é a glória do professor. A rota atual escolar e universitária está completamente equivocada, porque não faz parte dos tempos atuais, da sociedade do conhecimento, nem considera os professores como protagonistas centrais desse tipo de sociedade. Cuidam do cemitério do conhecimento, não de sua rebeldia (Demo, 2012). Bean aponta quatro concepções errôneas de ensino: i) muitos docentes alegam que introduzir elaboração e pensamento crítico no curso só vai tomar tempo de conteúdo (Zemsky, 2009) – funciona aí a obsessão por conteúdo, como se fosse petardo sagrado; ii) elaborar texto não é meta do curso – atribui-se ao curso a tarefa instrucionista de domínio memorizado de conteúdo, uma velharia sem nome hoje em dia; iii) mais elaboração exige tempo muito maior de avaliação textual – em parte é verdade; mas, com o tempo, conhecendo os textos de cada aluno, percebe-se que não é o caso gastar tempo com bons alunos e seus bons textos; precisa-se cuidar dos maus textos que deveriam tornar-se, com o tempo, minoritários, residuais; iv) alguns docentes fogem da elaboração de textos, porque se sentem despreparados em escrita e gramática – é reconhecimento de que não são docentes de verdade; é preciso tornar-se autor.

06

RELAÇÃO ENTRE ELABORAÇÃO
E PENSAMENTO CRÍTICO

Nos Estados Unidos existe movimento difuso de nome *Escrita-através-do-currículo* (WAC – *WRITING-ACROSS-THE-CURRICULUM*), surgido no âmbito dos "estudos de composição" desde os 1970 (Writing-across-the-curriculum, 2013; Thairs; Porter, 2010; Russell, 2002; McLeod, 1992; Walvoord, 1992; Magnotto & Stout, 1992; Sander, 1992; Ocsner; Fowler, 2004; Farris; Smith, 2004; Peterson, 1992). É preocupação escolar americana já bem assentada, voltada para aprimorar as oportunidades de aprendizagem, para além do mero repasse de conteúdo. O movimento se alastrou rapidamente pelo país (Bazerman et al., 2005; Bazerman, 1981; 1987; 1988), ocorrendo por vezes a distinção entre "escrita através do currículo" (WAC) e "escrita nas disciplinas" (WID – *Writing-in-the-disciplines*): a primeira associa-se a escrever para aprender, enquanto a segunda a aprender a escrever (Bean, 2011:19). Segundo Paul e Edler, "um pensador crítico bem culto : i) levanta questões vitais e problemas, formulando-os clara e precisamente; ii) ajunta e avalia informação relevante, usando ideias abstratas para interpretá-las efetivamente; iii) chega a conclusões

80 Aprender como autor • Demo

e soluções bem raciocinadas, testando-as contra critérios e padrões relevantes; iv) pensa de modo aberto (*open-mindedly*) dentro de sistemas alternativos de pensamento, reconhecendo e avaliando, na medida da necessidade, suas assunções, implicações e consequências práticas; v) comunica-se efetivamente com outros para bolar soluções a problemas complexos" (2009:2). Esta definição é de ordem mais operacional, acentuando sua efetividade consequencial lógica, mas podemos apresentar outras, em especial de cunho mais epistemológico: habilidade de pensamento crítico implica, primeiro, capacidade autocrítica, e, segundo, crítica, apta a desvelar pressupostos tidos por garantidos, mas inadequados/obsoletos, levando a fundamentações ainda mais abertas que continuam sabendo aprender de outros argumentos, enfeixada na noção de autoridade do argumento.

Os pesquisadores gostam de arrolar listas de sub-habilidades, porque cada conceito sempre pode ser desdobrado em outros, indefinidamente, chegando a centenas para Ennis (1996; 2006) e Fawkes (2001). Referência das mais cruciais é a relação entre elaboração, pensamento e visão dialógica de conhecimento (Bean, 2011:21). Para noções modernistas de conhecimento acabado, fixo, estabelecido, expurgado de controvérsias, incensado como inabalável e de validade universal indisputada, pensamento crítico soa estranho, porque teria a pretensão descabida de ensinar o padre-nosso ao vigário. Pareceria ridículo que um estudante se metesse a questionar conhecimento estabelecido, não só porque seria infantilismo arrogante, mas, sobretudo, desconhecimento da matéria já cristalizada, não estando mais em discussão; na apostila está seu sarcófago venerável. No entanto, tomando a sério a dinâmica complexa e não linear da produção científica como se dá na prática (Grinnel, 2009; Demo, 2012; Latour, 2000; 2001), conhecimento é processo dinâmico em rebordosa constante, em infindável movimento de autorrenovação, sempre metido em contestações e disputas, sendo esta condição a razão maior de sua utilidade histórica e tecnológica. É fundamental associar elaboração na escola a esta visão de conhecimento (Linn; Eylon, 2011) para alocar o estudante na sociedade vibrante do conhecimento, não no cemitério das apostilas e aulas instrucionistas. Em sua maior parte, elaboração acadêmica formal exige pensamento analítico ou argumentativo, iniciando-se com uma hipótese problematizadora ou pergunta intrigante, para a qual se busca alguma teorização explicativa. Busca-se metodicamente controlar uma tese suportada por estrutura hierárquica de razões e evidências. A tese é uma frase sucinta do argumento central, a resposta do autor ou a solução para o problema que inspira o ensaio. No padrão *lógico-experimental*, há que satisfazer aos dois lados: ao *lógico*, implicando que o discurso não pode deter contradições, conceitos mal definidos, superposições ambíguas, agregando teorizações que explicam as razões do problema e de sua solução; ao *experimental*, implicando evidência empírica, base estatística e experimentação, mensuração das variáveis, formalização mensurada e assim por diante. Bean chama a isso de *ensaio regulado por tese*, envolvendo visão complexa de conhecimento na qual posições diferentes sobre natureza da explicação rivalizam por aceitação. O uso intenso de formalizações (matemática em especial) serve para diminuir/dirimir as diferenças de posições, à medida que a visão positivista postula realidade única e plenamente apanhada pelo método (objetividade/neutralidade) (Demo, 2011d), enquanto outras visões, sem relegar o valor das formalizações metódicas, incluem o "ponto de vista do observador" (Maturana, 2001; Deacon, 2012). Vamos deixar de lado esta polêmica mais rebuscada e voltar para a sala de aula.

Segundo Perry (1970), em seu estudo sobre crescimento cognitivo estudantil em faculdades, a maioria dos estudantes não chega apreciando o mundo desse modo; a tendência é ver de modo dualista, imaginando conhecimento como aquisição de informação correta e produção de respostas definitivas. Afinal, é também o que veem no professor que bravateia apostilas e dramatiza a memorização para provas subsequentes. Os estudantes se têm por vasos vazios sendo enchidos com dados, teorias, conceitos, formalizações pelos professores. Aí, o único uso da elaboração seria para demonstrar o próprio conhecimento de fatos corretos – elaboração como informação, não como argumento ou análise. Avançando um pouco mais na vida acadêmica, lá pela metade do percurso, os estudantes passam a perceber a convivência de noções opostas, mas as rebaixam como meras opiniões circunstanciais, a título de que todo mundo tem opinião própria de qualquer coisa; não tendem a gastar tempo com tais posições, perdendo logo a oportunidade de questionamento rigoroso de assunções diferenciadas, rumo a fundamentações abertas mais bem urdidas que valem por sua argumentação própria. Só nos níveis mais elevados da vida acadêmica entra em cena a necessidade de argumento raciocinado, com elaboração refinada de fundamentações rivais e complementares, tal qual ocorre no mundo real da fabricação da ciência. Finalmente, percebe-se que elaboração é jogo aberto da autoridade do argumento, não do argumento de autoridade, no contexto de dinâmicas controversas de pesquisa e de apreciações diferenciadas do próprio método. Dissenso é fundamental; argumentando bem, pode-se diminuir o dissenso, mas não extinguir, porque nenhuma teorização produz explicação final. Os pesquisadores perfazem uma comunidade *sui generis* (Bourdieu, 1990. Kuhn, 1975), chegando a resultados bem estabelecidos, mas sempre também contestáveis, porque não é viável eliminar o ponto de vista do observador. Ciência é, a rigor, uma interpretação metodicamente caprichada da realidade, entre outras tantas, embora seja a que tem merecido maior acato, por conta de seus procedimentos metodológicos. Como sugere Latour (2005), ela trabalha com fatos construídos, mas são *os mais bem construídos* que temos. A validade das explicações é naturalmente relativa, tanto porque os pais dela são perecíveis, quanto porque o mundo é complexo demais para caber em formalizações reducionistas. Saber apreciar a validade relativa das explicações científicas é elevado grau de maturidade acadêmica, quando ciência deixa de ser fixa, ou torpedo religioso, assumindo a condição de busca discutível de uma realidade insondável. Não se trata de relativismo, até porque este é impraticável, a rigor: dizer que tudo ou nada vale já não é algo relativo; em sociedade há validades claras, mas relativas a contexto, tempo, participantes, formação etc. O que torna ciência uma aventura espetacular é ser busca dinâmica, surpreendente, complexa e não linear, em constante autoquestionamento, para manter-se à altura de questões que a superam indefinidamente. Todo achado é menor que a pergunta. Há sempre o que perguntar, aprender e recomeçar.

Em vista disso, os estudantes podem chocar-se inicialmente com o ensaio regulado por tese, porque ainda estão impregnados pela expectativa instrucionista monitorada

84 Aprender como autor • Demo

por livros texto canônicos mais próximos da dogmática do que da pesquisa. É preciso acostumar a entender que toda tese implica contratese, que todo ponto de vista depende do ponto e que não se vê que todo fundamento, no fundo, não tem fundo... Trata-se, então, de oferecer chance única formativa de manejo da autoridade do argumento, através da qual, em atitude crítica e autocrítica, é possível aprender de posições rivais, obter consensos sempre revisáveis, fazer formulações acuradas em seus fundamentos lógico-experimentais, produzir textos que merecem ser lidos e questionados. Algumas teses são mais contestáveis que outras, sempre que impliquem maior participação intersubjetiva, como são, por exemplo, interpretações históricas. Vamos a um exemplo de interpretação bem complicada e mesmo arriscada: dirão alguns que o Brasil não foi "descoberto", foi "espoliado" pelos portugueses. Quem veio para cá não veio para colonizar uma terra nova, montando um país para seus filhos nele viverem e construírem seu futuro. Já a colonização dos Estados Unidos foi bem diversa: lá aportaram imigrantes que fundaram uma pátria para seus filhos, construindo logo um estilo de sociedade como bem comum. Dirão alguns que nossos políticos, até hoje, ainda fazem o mesmo que os primeiros portugueses: chegam ao poder para espoliar a nação, não parecendo que vivem nela. Será que esta interpretação serviria para explicar estilos muito diversos de colonização, uns voltados para a construção de uma nova pátria comum, outros voltados para assaltar a nova terra e dela levar tudo que podem, deixando atrás terra arrasada? Como é tese grande demais, implicando, ainda, laivos etnocêntricos (opondo modelo ibérico ao nórdico), não teremos chance de validação suficiente, mas mostra que pontos de vista opostos são comuns na interpretação da história. Podemos olhar também para a Guerra do Paraguai, quando três países se uniram para liquidar com o Paraguai. Este é visto como agressor, necessitando ser dominado/liquidado. Os outros lutam pela liberdade, este pela ditadura. São estereótipos interpretativos enviesados, dependendo do ponto de vista do observador. Bastaria consultar cartilhas escolares do Paraguai e do Brasil sobre Guerra do Paraguai: lendo o ponto de vista dos dois lados, é difícil acreditar que se trata da mesma guerra... Os estudantes, porém, querem uma resposta certa, porque acham que ciência fabrica isso. O que a ciência mais bem faz é propor modos de pesquisa acurada, sopesada, fundamentada, distanciada, não aportes definitivos que não cabem em sua estruturação argumentativa. "Tarefas de boa elaboração produzem precisamente este tipo de desconforto: a necessidade de participar, de modo raciocinado, numa conversação de vozes diferentes" (Bean, 2011:23).

Mas – espera Bean – o próprio processo de elaboração desperta o estudante para o lado interpretativo variante, típico do ambiente dialógico. Mesmo os autores mais expertos, quando elaboram seus textos, vivem processo contorcionista de criação, como alega Elbow (1973): "significa não aquilo com que se começa, mas aquilo a que se chega ao fim... Pense-se, então, elaboração não como, digamos, transmitir mensagem, mas como modo de fazer crescer e cozinhar uma mensagem" (1973:15). Ao contrário do produto final, como consta em qualquer apostila vagabunda, é fundamental acentuar a aventura tortuosa do conhecimento inovador e autoinovador, o que leva um tempo para caber na cabeça do estudante. Facilmente encontramos três estruturações cognitivamente imaturas de ensaios: i) *elaboração "e então"*, de estrutura cronológica linear: conta o que sucede do ponto A ao B, sem foco, seleção analítica, argumentação, seguindo apenas passo a passo, sem qualquer tensão...; Flower e Hayes (1977) mostraram que passagens longas de escrita cronológica caracterizam os primeiros rascunhos de escritores expertos (Flower, 1979; 1993); ii) *elaboração "sobre tudo"* ou enciclopédica: dizer algo de tudo, ao estilo de considerações gerais, introduções que não acabam ou conclusões que são outros capítulos. Uma coisa é pedir ao estudante que pesquise Darwin à solta, outra é direcionar para uma questão fundamental de Darwin, procurando elucidar, por exemplo, se aceitou evolução social, ao lado da física (Boehm, 2012); no primeiro caso, a tendência será fazer uma história sequencial da vida de Darwin, sem valor analítico e argumentativo; iii) *elaboração despejando dados*, ou pela ordem casual: sem estruturação discernível, o texto vai ficar um círculo vicioso, gastando saliva à toa, sua e do leitor. O que mais falta em tais expressões ainda imaturas é "um tipo de análise raciocinada e argumentação que se valorizam na elaboração acadêmica" (Bean, 2011:27). O que se diz precisa ter ordenamento e fundamento; pode-se criticar tudo, desde que com devido contra-argumento; nada vale *a priori*, e vale apenas relativamente *a posteriori*. Prefere-se enfatizar dados, objetos, coisas, autores, não proposições ou formatos acadêmicos (Lunsford, 1979) ou desenvolvimento de raciocínio abstrato. Belenky et al. (1986), estudando escrita de mulheres na faculdade, observaram que, no início, vão atrás de informação correta, sem argumentar; com orientação, advém o crescimento intelectual (Hays, 1983; Lunsford, 1985; Lunsford; Ede, 1990), obtido tanto mais por desafios de abordagem a temas múltiplos e abertos. Outros autores acentuam processos cognitivos diversos de noviços *vs* expertos (Beaufort,

2007; Graff, 2004; Alexander, 2003; Bransford et al., 2000; Voss, 1989; Kurfiss, 1988; Sommers, 1980; Flower; Hayes, 1977), um modo particularmente apreciado para explicar o crescimento intelectual na faculdade: implica melhoria bastante rápida no noviço, espelhando-se nos expertos, dependendo também do interesse docente em formar os estudantes para elaboração científica (Booth et al., 2008); por exemplo, introdução deve ser curta (contém anúncio do tema, hipótese de trabalho e partes de que consta no desenvolvimento); conclusão também: contém só o achado central. Estilo deve ser conciso, sem circunvoluções, papo-furado, gracinhas e enrolações (Graff; Birkenstein, 2009; Graff, 2004). Aos poucos, os estudantes entendem que podem misturar suas vozes com as dos autores estudados.

Algumas estratégias para promover pensamento crítico são: a) criar dissonância cognitiva para os estudantes; segundo Meyers: "estudantes não alcançam aprender a pensar criticamente enquanto não puderem, pelo menos momentaneamente, deixar de lado suas próprias visões sobre a verdade e refletir em alternativas" (1986:27). Torna-se importante solapar certezas estudantis (Zull, 2002), empurrando para visões mais flexíveis da realidade; b) apresentar conhecimento como dialógico, não como informação, à la Sócrates; c) ensinar "movimentos" acadêmicos e gêneros importantes para a disciplina (Graff; Birkenstein, 2009), entre eles: i) "eles dizem/eu digo" – sumaria visões opostas e seus argumentos; ii) "sim; não; ok, mas" – arranja três modos de ver com devidos argumentos; iii) "plantar um negador em seu texto" – papel do advogado do diabo; iv) "então, e daí?" – rumando para dissentir com fundamento. Bartholomae (1985; 1980) sugere: i) muitos autores argumentaram X, mas vou argumentar Y; ii) pesquisadores frequentemente perguntaram por X, Y e Z, mas, curiosamente, esqueceram de perguntar por A – este ensaio propõe A e uma solução; iii) pesquisadores correntemente confiam em seu entendimento de X e Y, mas ainda não entendemos Z, pois este componente é desconhecido; este *paper* testa a hipótese relevante para este componente...; d) criar oportunidade para solução ativa de problemas envolvendo diálogo e elaboração.

Pesquisa sobre composição confirma que a maioria dos estudantes não revisa seus textos (revisão no sentido dos escritores expertos); muitas vezes estudantes pensam que estão revisando, mais ou menos como aparece na tela do computador e as dicas de revisão (algumas em vermelho, outras em verde) (Faigley; White, 1981; Sommers, 1980; Flower, 1979; Beach, 1986; Booth et al.; 2008; Harris, 2006; Gopen, 2004; Gopen; Swan, 1990). Revisão significa continuar reelaborando os textos, a exemplo da Wikipedia, onde os textos permanecem sempre abertos à edição, indicando que elaborar é descobrir novos horizontes intermináveis, não cemitérios de restos inertes. Quem aprende, vai modificando suas ideias, escuta outras, remodela, abandona, retoma, sempre reconstruindo tudo à sua volta – elaborar como processo dinâmico aberto. Na versão positivista (Demo, 2011e), o modelo é: 1. Escolher tópico. 2. Estreitar o âmbito. 3. Escrever tese. 4. Alinhavar contorno. 5. Escrever rascunho. 6. Editar. Teríamos um produto final, de validade universal. Postula-se, como propõe Elbow (1973; Elbow; Belanoff, 1989), que primeiro se pensa, depois se escreve, valorizando estruturação formal prévia e definitiva. Mas é representação equivocada do processo científico criativo, porque, na prática da produção científica, os caminhos são muito mais erráticos, convulsionados, com idas e

Relação entre elaboração e pensamento crítico **89**

vindas, abandonos e retomadas, também fracassos. Entram em cena igualmente intuição, *insight*, faro, além de experiência, leitura, intercâmbio, produção própria etc. Como no célebre caso de Einstein, tudo começou com um experimento mental (bolado na cabeça), antes de qualquer estruturação experimental formalizada. Cabe perguntar: por que estudantes não revisam seus textos? Deixando de lado culpá-los por mais esta mazela (por exemplo, por preguiça), uma hipótese seria, à sombra da teoria piagetiana, de que revisão requer habilidade de descentrar (Kroll, 1978; Bradford, 1983), ou seja, de pensar como leitor, não escritor (Daiute, 1986; Hawisher, 1987). É por demais comum que, parecendo claro ao elaborador, não é para o leitor (Anderson et al., 2009).[1]

---

[1] Bean arrola quinze sugestões para instigar revisão: "i) apostar num modelo de problematização do processo de elaboração; ii) dar tarefas de elaboração focadas em problemas; iii) criar tarefas de aprendizagem ativa que ajudem os estudantes a se tornarem propositores e exploradores; iv) incorporar elaboração exploratória de aposta baixa (*low-stakes*) no curso; v) construir tempo para conversa e conferências no centro de escrita no processo; vi) intervir no processo de escrita pedindo que os estudantes submetam algum esboço; vii) construir requerimentos processuais na tarefa, incluindo datas para rascunhos; viii) desenvolver estratégias para revisão de pares de rascunhos, dentro ou fora da sala de aula; ix) organizar conferências de escrita, em especial para estudantes que mostram dificuldades com a tarefa; x) requerer que estudantes submetam todos os rascunhos, notas e rabiscos com cópias finais; xi) permitir reelaboração, fazer comentários de revisão orientada para rascunhos datilografadas quase finais; xii) inserir exemplos do próprio trabalho docente em progresso, de sorte que os estudantes possam ver como passamos pelos processos de criação de um texto; xiii) aconselhar técnicas de revisão; xiv) não superenfatizar exames de ensaio; xv) manter padrão elevado de expectativa em torno de produtos finais" (BEAN, 2011:35-37).

07

RETÓRICA E GÊNERO ACADÊMICO

Retórica é termo frouxo entre nós, porque os politiqueiros se apropriaram dele e virou arte de engambelar. Mas aqui se usa em seu sentido original de saber lidar inteligentemente com a audiência, aumentando a oportunidade de convencimento e aceitação. Na escola/universidade, em geral o estudante escreve – caso escreva – para o professor, "fazendo de conta" (Sommers, 1980; Beaufort, 2007; Carter, 2007; Carroll, 2002; Graff; Birkenstein, 2009): resulta este procedimento em escritas artificializadas, valendo como meros exercícios formais e vazios. Não se exercita autoria propriamente dita, mas arremedos mal postos. Como a tabela a seguir ilustra, há muitos gêneros de elaboração na praça, divididos em escritas pessoal, acadêmica, popular, cívica e profissional, cada qual com outras subdivisões. No espaço da escrita acadêmica aparecem sete versões, sugerindo que os formatos podem variar bastante.

92 Aprender como autor • Demo

Escrita pessoal	Escrita acadêmica	Cultura popular	Negócios públicos/ escrita cívica	Escrita profissional/escrita do local de trabalho
• Carta • Diário • Reflexão • Ensaio autobiográfico (literário não ficção) • *Blog* • Mensagem de texto • *E-mail* • *Tweet* • Ensaio pessoal • Página do Facebook	• Artigo acadêmico • Livro/capítulo • Resumo • Artigo de revisão • Relato experimental • Pôster • Etnografia	• Artigo de revista • Anúncio • Poema *hip hop* • Adesivos • Grafite • Website de fã • Revista em quadrinhos • Artigo de jornal • Cartão de saudação • Livro comercial	• Cartas ao editor • Peça do oposto da página editorial • *Website* de advocacia • Relatos oficiais • *Blog* político • Pôster de advocacia • Artigo de revista sobre questões cívicas • Resumo de política • Filme documental	• Carta de apresentação • CV resumido • Memo de negócio • Resumo legal • Brochura • Manual técnico • Proposta • Plano de marketing • Relato de gestão • Comunicado à imprensa

Fonte: Bean, 2011:47.

Para operar com sucesso dentro de um gênero de elaboração, os estudantes carecem aprender as expectativas, possibilidades, limites e constrições de cada gênero, para evitar, desde logo, confusões como a de noviços que não sabem se podem usar a primeira pessoa verbal do singular ou se a tese deve aparecer já na introdução. Cada gênero tem seu formato mais recorrente, não sendo necessariamente algo caprichoso do professor. Mas gênero, de acordo com teóricos recentes, não é apenas formato de escrita, é também forma de "ação social" (Miller, 1984), ou seja, ajudam a produzir os modos como certas comunidades pensam e agem (Wardle, 2009; Nowacek, 2009; Beaufort, 2007; Carter, 2007; Russell; Yanes, 2003; Bawarshy, 2003; Russell, 1997; MacDonald, 1994; MacDonald; Cooper, 1992; Bazerman, 1987; 1981; Myers, 1986a). Ocorre que o conceito de gênero cria fortes expectativas no leitor, que, por sua vez, devolve exigências correspondentes no escritor. Quando se escreve num dado gênero, estrutura, estilo e abordagem, pululam influências de centenas de autores prévios no mesmo gênero. Assim, a existência do gênero incita a gerar ideias que aí cabem, tornando-se um convite; por exemplo, "cartas ao editor" convida a agregar a própria voz na arena pública (Bazerman, 1988; Myers, 1986a; 1986b; 1985). Há gêneros com prosa fechada (formal), outros com prosa aberta (não formal); a fechada pede tese reguladora da elaboração, como formato predominante: i) afirmação de tese explícita, usualmente já na introdução; ii) previsão clara da estrutura subsequente; iii) parágrafos unificadores e coerentes introduzidos por sentenças sobre o tópico; iv) transições claras e indicações no percurso (em alguns casos facilitadas por níveis variados de manchetes); v) sentenças coerentemente conectadas, visando clareza máxima e legibilidade (Bean, 2011:49). Estudantes preferem forma fechada, por temor de inventar e responder pelo inesperado. Outros gêneros podem quebrar o protocolo, preferindo forma aberta, como prosa beletrista, com forte enredo, hipertextos, provocações, ou ensaios mais soltos.

É arte saber usar gêneros diversificados, conforme a audiência e respectiva retórica. Veja exemplo de Lockwood

(2002), um entomólogo escrevendo para o público em geral em seu *Grassopper dreaming: reflections of killing and loving* (*Sonhando com gafanhoto: reflexões de morte e amor*):

> "Meu ofício é extinguir vida. Espera-se de mim que o faça bem – eficiente e profissionalmente. Este ano, vou dirigir a matança de não menos que 200 milhões de gafanhotos e mais de um bilhão de outras criaturas, a maioria insetos. Seus corpos acumulados pesarão mais de 250 toneladas e encherão duzentos caminhões de carga" (2002:27-28).

Em geral seus textos estão dirigidos à academia, onde não pode tomar as liberdades desse livro voltado para o grande público; conseguiu transformar a prosa dura acadêmica numa de interesse geral, montando um tipo de tensão atraente que muitos acadêmicos não conseguem. O cientista político Fagen (1990), ao fim da vida voltou-se para o romance e assim se explicou:

> "Antes que seja mal-entendido, quando falo dessa linguagem, não estou falando sobre prosa túrgida, tópicos chochos, lógica contorcionista ou banalidades celebradas como rupturas sensacionais. São sinais de vida acadêmica de terceira categoria, e, embora abundem na academia, não são intrínsecas ao empreendimento. Não. Minha frustração surge dos cânones de propriedade e evidência, das regras de jogo que banem sátira, indignação, paixão, amor, ódio – em suma, a maior parte dos sentimentos que estão no co-

Retórica e gênero acadêmico **95**

ração de nossa humanidade" (1990:411; Bean, 2001:53).

A assepsia do método acadêmico castra a criatividade, por formalismos vazios, em especial por submissão a estilos pretensamente objetivos/neutros. Estudo de Thaiss e Zavacki sobre tipos de escrita mais valorizados por estudantes (na George Mason University) assim se expressa:

> "A maioria dos informantes, enquanto podem elaborar dentro das convenções das disciplinas, não necessariamente querem que os graduandos aprendam a escrever dentro dessas convenções. Ao invés, para muitos, é importante para os estudantes conectar o que estão aprendendo na escola com experiência fora e/ou ideias na mídia popular e escrever sobre essas conexões numa variedade de formas" (2006:46).

Acharam três categorias dos informantes: i) um grupo esperava dos alunos textos acadêmicos diretos, em forma fechada, com muito raciocínio, argumento etc.; ii) outro grupo valorizava argumentos bem raciocinados, mas permitiam estilos mais soltos também; iii) outro, embora respeitando as formalidades muitas vezes, puxavam para formas alternativas, reflexivas, exploratórias, ensaísticas, com hipertexto... Percebe-se, então, que os estilos estão se movendo, trazendo para o âmbito acadêmico outros ventos que são, para uns, bem-vindos; para outros, incômodo crescente. Ao mesmo tempo, vai entrando o texto multimodal, que busca usar, a contragosto da academia mais tradicionalista, imagem, áudio, vídeo, música como argumento, não só como ilustração.

96 Aprender como autor • Demo

Ao final, porém, há lugar reservado para a forma fechada acadêmica, porque é a porta de entrada para o mundo formal da pesquisa de valor intersubjetivo, sem falar que pode promover graus muito elevados de expertise analítica, na língua oficial da academia. Embora de propensão positivista, ao insistir muito em organização e clareza, neutralidade e objetividade, também pede muita leitura, uso intenso de evidência e método (Thaiss; Zavacki, 2006. Villanueva, 2001. Flynn, 1988; Meisenhelder, 1985). No entanto, note-se que cresce a importância de usar gêneros alternativos, em parte por conta do movimento expressionista popularizados nos Estados Unidos por Britton et al. em seu estudo sobre escrita infantil (1975), distinguindo três categorias de prosa: expressiva, transicional e poética; valoriza-se frontalmente emoção (Baikie; Wilhelm, 2005; Belanoff et al., 1991; Belanoff; Dickson, 1991; Connolly & Vilardi, 1989; Fulwiler, 1987a; 1987b; Fulwiler; Young, 1982; Qualley, 1997; Bridwell-Bowles, 1992), bem como pesquisa reflexiva (Qualley, 1997). Aparece claramente reação à rigidez acadêmica, inclusive vozes bem ousadas, como a de Lancaster (1994), um antropólogo que resolveu estudar a revolução sandinista (*Life is hard – A vida é dura*) de maneira solta, recebendo a seguinte revisão:

"Lancaster viu seu trabalho como política e elaboradamente alternativo. No prefácio, afirma que o livro é deliberadamente escrito 'contra o padrão', que 'se comporta mal' e que é 'melhor ver o etnógrafo na etnografia'. Melhor, pois, assim diz, 'análise partidária é a única resistência ao poder que um escritor como escritor tem efetivamente a oferecer' (p. XVII-XVIII). Para fazer com que este texto 'espelhe a fala tumultuada de uma revolução fracassada', Lancaster criou um tipo de colagem pós-moderna, composta de passagens jornalísticas e impressionistas, notas cruas de campo, entrevistas de página inteira e histórias de vida, artigos de jornais e cartas. Embora pensasse que à época que estava 'rifando sua carreira', o livro é agora leitura dominante em muitas aulas de antropologia" (Thaiss; Zavacki, 2006:44; Bean, 2011:58).

Autores divergem muito sobre indicações de gênero acadêmico; alguns querem gêneros-padrão, transferíveis de um assunto a outro, outros preferem textos variados conforme a ocasião e audiência (Carroll, 2002; Bronfenbrenner, 1979). Ao fundo está sempre o grande problema de formação básica: os estudantes não sabem elaborar, porque elaboração ainda não é parte central da aprendizagem. Treinados em cenários instrucionistas, estudando com docentes que não estudavam e eram improdutivos academicamente, não se apetrecharam minimamente como autores. Podem-se usar gêneros variados, porque a realidade é muito variada, aproveitando fortalezas de cada um (Jensen; DiTiberio, 1989; Briggs; Myers, 2010). Escrever em vários gêneros tem base cerebral: os lóbulos frontais só amadurecem na metade dos 20 anos, o que indica a oportunidade de, antes, usar gêneros mais límbicos (Zull, 2002; Kolb, 1985). Mas, ao final, há que se reconhecer que a academia, tendo seu cânone rígido, impõe suas preferências, por mais que estas estejam cambaleando ultimamente. Pode-se ver isso em teses de pós-graduação mais soltas, usando por vezes textos multimodais, apelando para discursos emocionais e poéticos, modulações menos objetivas e neutras... Mas, para ter uma defesa de tese mais tranquila, é melhor elaborar quadrado!

08

ELABORAÇÃO FORMAL/INFORMAL, GRAMÁTICA E APRENDIZAGEM

Gramática tem sido espantalho dos estudantes (de alguns professores também). Erros gramaticais, no entanto, não são a questão maior, mesmo devendo-se evitar o massacre da língua. Em parte, o problema se deve a fases anteriores, destituídas de cuidados com a escrita. Ao mesmo tempo, é voz corrente que gramática é chatice insuportável, não valendo a pena o esforço. No mundo da internet propaga-se o uso livre da gramática (Crystal, 2009), em geral com apoio de autores que não veem nisso qualquer risco para a língua em uso (Baron, 2010); ao contrário, seria modo criativo de reinventar a comunicação escrita (Kilian, 2007; Papen, 2009). Ainda, ensinar gramática não melhora necessariamente a escrita (Braddock et al., 1963; Kolln, 1981; Hartwell, 1985; Mulroy, 2003; Devet, 2002; Noguchi, 1991; Blaauw-Hara, 2007; 2006). Linguistas distinguem entre um "saber como" (*knowing how*) tácito, pré-consciente – habilidade insondavelmente complexa de produzir linguagem internalizando regras da formação da palavra, inflexão e ordenamento que todos os falantes nativos aprendem como crianças – e um "saber acerca de" (*knowing about*) consciente que oferece uma nomenclatura para descrever e analisar os traços estruturais de uma alocução – é a diferença de jogar bola ao cesto e explicar a física disso... O primeiro nível corresponde à habilidade comum de expressão própria na língua materna, funcionando de modo inconsciente e contextualizado culturalmente. O segundo nível traz à tona o conhecimento conscientizado da estruturação gramatical de cada língua e que é usado para fins mais específicos, entre eles o acadêmico. Torna-se importante definir o que é "saber" e "gramática" – há gramática inconsciente e outra consciente; há gramática da fineza (etiqueta); há gramática clássica ou estilista... "Saber" gramática implica estudo, exercício, tratamento de regras e exceções, uso escorreito da língua. Entra em cena a questão do *status* vinculado à linguagem, resultando na política da gramática e seu uso, em especial para "distinguir" as pessoas (Bourdieu, 1984); muita gente busca expurgar vestígios de seus dialetos, para não trair a origem social; outros resistem à língua padrão, por orgulho e identidade (Carmichael, 1970) – Carmichael chega a falar de "declaração de guerra" (da ótica afroamericana), numa publicação no *San Francisco Express Times*:

> "Tome a língua inglesa. Há caras que vêm da Itália, Alemanha, Polônia, França, em duas gerações falam perfeitamente inglês. Nunca falamos inglês perfeitamente, nunca, nunca, nunca. E isto porque nossa população conscientemente resistiu à língua que não nos pertence... Todo mundo pode falar esta língua simples dos branquelas corretamente. Todo mundo pode. Não o fizemos porque temos resistido, resistido." (1970:180).

Aparece nesse desabafo de Carmichael que mudar a língua pode implicar mudar de identidade social.

O linguista Noguchi (1991) assim explica:

> "Como outros primatas do reino animal, humanos buscam, de um ou outro modo, sinalizar, aumentar e ultimamente proteger *status*... Linguagem toma parte nessas atividades, à medida que forma linguística transmite não só significado cognitivo, mas muitas vezes *status* social também – alto, baixo, no meio, de dentro, de fora. As pessoas usualmente medem o *status* dos falantes (e escritores) por critérios de superfície social e culturalmente determinados. Falantes japoneses, por exemplo, medem principalmente pela presença de formas polidas; falantes britânicos, principalmente pela pronúncia; falantes norte-americanos, principalmente por 'gramática'. Se cuidamos de admitir ou não, falantes norte-americanos usam sinais/senhas (*shibboleths*) gramaticais vários (*e. g.*, uso de *ain't, brung, double negatives*) não somente para afirmar seu corrente *status* dentro de um grupo social, mas às vezes também para distanciar-se de outros grupos sociais." (1991:114).

Em geral, americanos de classe média (especialmente com desejos de mobilidade para cima) esforçam-se para evitar toda sinalização gramatical que traia origem mais pobre. Certamente, evitar erros gramaticais importa, mas é difícil, mesmo que muitos teóricos cheguem a ponto de desprezar o ensino da gramática (Blaauw-Hara, 2007; Ro-

102 Aprender como autor • Demo

binson, 1998; Hull, 1985), contando aí também a presença de dialetos e idiomatismos à revelia da gramática. Muitos professores universitários encrencam com gramática dos estudantes, por vezes dando-lhes valor maior que o tratamento do conteúdo. Connors e Lunsford (1988) compararam os tipos de frequência dos erros em estudantes dos 1980 com outros de 1917 e 1930 – acharam consistência surpreendente: em 1917, a taxa era de 2.11 por cem palavras; em 1930, de 2.24; em 1986, de 2.26. Concluíram: "Estudantes universitários não estão fazendo mais erros formais na escrita do que se fazia antes" (1988:406; Sheridan; Inman, 2010; Sheridan; Rowsell, 2010).

Mas há também diferenças interessantes. Dois professores de Harvard reportaram em 1901 confusão sobre as regras para *shall* e *will* (no inglês) como erro gramatical mais comum no primeiro ano da faculdade; diferença maior achada por Connor e Lunsford em estudantes de hoje são erros de pronúncia e confusão de homônimo (*to, two, too*; *it's, its* etc.). Com o advento dos checadores gramaticais digitais, a vida ficou mais fácil e muitos só usam isso. Segundo Bean, prosa estudantil contém menos erros do que os docentes por vezes propalam (facilmente dizem que escrita estudantil é "miserável") (Williams, 1981). Alguns docentes revisam textos só para achar erros gramaticais! Mas – insiste Bean – os estudantes têm mais competência linguística do que os traços superficiais de sua prosa por vezes indicam: i) pelo menos metade dos erros resulta de edição e revisão desatenta; ii) quando se pede que leiam seus rascunhos em voz alta, inconscientemente corrigem muitos de seus erros (Bartholomae, 1980); iii) erros dos estudantes são sistemáticos e classificáveis (Shaughnessy, 1977; Bartholomae, 1980).

Constata-se que erros na escrita aumentam com maior dificuldade cognitiva na tarefa, como Schwalm (1985) confirmou: um examinando pode mostrar-se bem fluente em língua estrangeira num *small talk* (fala cotidiana), mas esta competência diminui com a complexidade cognitiva em jogo. Erros podem desaparecer na prosa estudantil com exercícios recorrentes de rascunhos. O problema pode exacerbar-se quando estão em jogo notas e classificações. Enfim, nota-se que os experts em escrita procuram não fazer de erros gramaticais um trambolho na vida do estudante, remetendo, em geral, o problema para fases anteriores mal percorridas – se escrita fosse, desde o início, parte da formação, elaborar não é enigma (Bender, 2007. Nielsen; Webb, 2011; Laurillard, 2007). Algumas providências são cabíveis ou mesmo recomendáveis: i) ajudar os estudantes a perceber que erros não intencionais ao nível das sentenças podem prejudicar a efetividade retórica, não sendo aceitável texto cheio de erros (Beason, 2001; Hairston, 1981); quando se estudam erros no campo profissional, aparecem alguns tipos mais recorrentes: erros de marca de *status* (tempo verbal, inflexão verbal, negativos duplos, pronome objetivo como sujeito; erros muito sérios, como fragmentos de sentença, sentenças incompletas, nomes em letra minúscula...; erros sérios, como forma verbal falha, conjunções oscilantes, "*I*" como pronome...); ii) mudar de comentários "orientados para edição" em artigos para comentários "orientados para revisão"; iii) manter estudantes responsáveis por achar e consertar os próprios erros (Haswell, 1983); iv) cuidar em particular de falantes não nativos de inglês; v) saber lidar com os checadores digitais da escrita (computador) (Kies, 2008), em suas duas versões (sublinhado vermelho e verde), bem como não abusar disso (Wilson, 2013; Auletta; 2010; Bain; Weston, 2012).

Embora o texto acadêmico formal possa perder-se em rigidezes e formalidades rasas, ainda será o maior desafio, como acontece nas pós-graduações, quando aparece a necessidade de produção própria monitorada. O monitoramento (orientação formal) tem dupla face: cuida que o texto seja aceitável na academia, mas também tolhe a liberdade criativa pessoal. Pode-se demonstrar habilidade mais visível com temas abertos, problematizações instigantes, pesquisas provocativas, que pedem iniciativa própria e interpretação analítica autoral (Drenk, 1986; Bean et al., 1986). É mais divertido quando há controvérsia, disputa, problematização, embora sempre seja o caso evitar competitividade. Produção formal acadêmica representa uma das habilidades mais exitosas no mundo do conhecimento, em geral vista como de difícil acesso, dentro de uma hierarquização já tradicional que considera o mundo do conhecimento uma ascensão para poucos. No entanto, estando agora na sociedade/economia do conhecimento, as expectativas mudaram fundamentalmente. Pesquisa, experimentação, elaboração, produção própria não podem mais ser vistas como virtudes de poucos; se conhecimento deve ser patrimônio comum, o acesso a ele mais ainda. Por isso o movimento de professores de ciência (Linn; Eylon, 2011) propõe começar com quatro anos de idade, porque para ser protagonista desta sociedade precisa começar na primeira hora. Assim, embora pesquisa apareça de verdade só na pós-graduação *stricto sensu*, porque implica elaborar dissertação/tese com formato acadêmico apurado, deveria ser estratégia comum desde os quatro anos de idade, porque ciência se aprende fazendo ciência. Começando cedo, escrita se torna lide cotidiana, à flor da pele (Weston, 2010; Nielsen, 2011; McCain, 2005; Hooks, 2009). É por isso que estudante deve elaborar todo dia: aula é para isso, não para escutar conversa docente. Olhando bem, nosso sistema de ensino é tremenda perda de tempo, por derreter-se em exercícios inaproveitáveis instrucionistas que não trazem benefício para o futuro do estudante (Angelo; Cross, 1993; Wiggins; McTighe, 2005; Fink, 2003).

A elaboração formal galvaniza a atenção, mas pode conviver com achegas exploratórias mais soltas, hoje facilitadas pelas novas tecnologias que permitem experimentações diversificadas através dos vários gêneros de elaboração. Talvez exemplo pertinente seja a Wikipédia: exige algum rigor acadêmico, porque a autoridade do argumento assim pede, mas é uma comunidade mais solta, a começar pela regra concessiva de que todos podem editar. O texto é cercado por inúmeros *hiperlinks*, que formam uma abóboda referencial sobre o texto escrito, enriquecendo-o sobremaneira. O texto pode ser menor que o usual, mas pela trama dos *hiperlinks* torna-se uma sinfonia imensa que ecoa até ao fim do mundo (Britton et al.,1975; West, 2008; Lovink, 2011). A informalidade, se bem usada, ou seja, como ambiente mais aberto de exploração livre, contribui para a criatividade (Barry, 1989; Stewart et al., 2010; Drabick et al,, 2007; Weimer, 2002; Abbott et. al., 1992; Belanoff et al., 1991; Fulwiler, 1987a; 1987b; Fulwiler; Young, 1982; Freisinger, 1980). Mas há críticas: i) pedir elaboração exploratória exige tempo demais; ii) estudantes veem elaboração exploratória como trabalho cansativo; iii) escrita exploratória, para formalistas, é lixo que cria maus hábitos. De fato, o mundo do conhecimento pode ser visto de dois lados: alguns realçam o lado formal, ordenado, rígido, linear, canônico, exigindo qualidade extrema, sem amadorismos, sem tentativa e erro, sem foguetório, sem bravatas; outros

106 Aprender como autor • Demo

vão realçar o lado rebelde, disruptivo, desconstrutivo, pedindo comportamentos soltos, arrojados, provocativos. Facilmente confundimos criatividade com bagunça, coisa que os estudantes apreciam bastante, bem como facilmente confundimos seriedade com enquadramento. As aberturas oferecidas pelo mundo digital alargam muito o espectro da elaboração, seja pela via dos textos multimodais, ou das plataformas colaborativas (tipo wiki), ou das simulações cada vez mais realistas, ou dos videogames considerados por muitos como os melhores ambientes de aprendizagem disponíveis (Gee; Hayes, 2011). Como o uso do mundo virtual admite espaços livres de atuação, facilmente incitam a liberdade devassa, numa terra aparentemente sem lei; mutila-se a língua, inventam-se linguajares próprios, forjam-se signos comunicativos contorcidos, abusa-se de abreviações, plagia-se tudo, e assim por diante (Lovink, 2011). Embora a *web* seja também um espectro astronômico de potencialidades (Weinberger, 2011), tende a estatuir procedimentos superficiais e amadores, uma espécie de vale-tudo inconsequente (Carr, 2010). A academia teme esta frouxidão, razão pela qual resiste a mudar seus hábitos acadêmicos em termos do texto escrito linear formal (Bonk; Zhang, 2008; Garrison; Vaughan, 2008; Meacham, 1994; Brookfield; Preskill, 2005; Bates; Poole, 2003. Palloff; Pratt, 2003; Kirk; Orr, 2003). Papel docente é cada vez mais descrito como de *coach* (Adler, 1984. Johnson et al., 1991), cuja função básica é *scaffolding*, de mediação exigente e apoiadora. Criatividade será sempre mais importante que fidelidade. Afinal, o conhecimento científico se impôs por desbocada ousadia.

Embora elaboração seja meio excelente para promover pensamento crítico e pedagogia centrada no aprendiz, outras estratégias também valem, desde que redundem, ao final, na promoção autoral (Brookfield, 2006; Brookfield; Preskill, 2005; Fink, 2003; Weimer, 2002; Huba; Freed, 2000; Leamnson, 1999; Meyers; Jones, 1993; Goodenough, 1991; Bonwell; Eison, 1991; Bateman, 1990; Dillon 1988; Kurfiss, 1988; Hillocks, 1986; Hillocks et al., 1983). Por exemplo, é importante que estudantes aprendam a discutir juntos, exercitando a autoridade do argumento, mas fica ainda melhor quando se baseiam em ou produzem textos próprios; uma coisa é discutir contribuições escritas, outra é conversar de maneira solta. Elaborações se tornam mais atraentes e viváveis, quando se referem a problematizações da vida real do estudante (Zull, 2002; Bransford et al., 2000; Norman, 1980; Steiner, 1982; Barry, 1989), o que hoje pode-se conseguir com simulações digitais que, ao lado de representarem cenários vívidos, permitem sua manipulação ou experimentação (Davis, 2009; Carlson; Schodt, 1995; Barnes et al., 1994; Boehrer; Linsky, 1990; Di Gaetani, 1989).

Desafio preocupante é a dificuldade crescente de leitura de textos difíceis e exigentes, de estruturação mais complexa e densa, ou mais longos (Roberts; Roberts, 2008; 2004).

Leitura de qualidade é *contraleitura* (Demo, 1994), aquela que escava o significado numa escaramuça com o autor, dentro da regra de *ler autor para se tornar autor*. As novas tecnologias parecem estar contribuindo para a leitura artificial (Carr, 2010), também porque os textos se tornam mais curtos e rasos (Fenwick; Edwards, 2012). Em muitos cursos só se fazem "resumos" (ou resenhas), que se reduzem a plágios de cacos de textos. Pedir que se leia um livro mais longo e denso, já pareceria acinte.

> "Bom leitor forma imagens visuais para representar o conteúdo que se lê, conecta-se a emoções, recorda cenários e eventos que são similares aos apresentados na leitura, prevê o que irá acontecer em seguida, faz perguntas e pensa sobre o uso da linguagem. Um dos passos mais importantes, contudo, é vincular o manuscrito que se está lendo com o que já se sabe e ligar os fatos, ideias, conceitos ou perspectivas ao material conhecido" (Roberts; Roberts, 2008:126).

Mas não é o caso culpar o estudante, porque o estreitamento da leitura tem outras origens, também na própria escola ou universidade, quando não se considera leitura como componente imprescindível da aprendizagem adequada, aceitam-se leituras rasas ou nenhuma, quando docentes não são leitores assíduos, quando se impõe leitura obrigatória de uma apostila, quando a atividade escolar se esvai em aula e prova, e assim por diante (Sternberg, 1987; Yamane, 2006; Walvoord; McCarthy, 1990; Walvoord; Anderson, 2009). É péssimo hábito restringir leitura ao que acontece em aula ou para a prova, porque desfigura o horizonte empoderador da leitura (Robertson et al., 2007; Ramage et al., 2009; Ramage; Bean, 1995; Bean et al., 2005; Bruffee, 1984). Ler não é absorver; é reinterpretar, ou seja, um ato de autoria ou contra-autoria (Paul, 1987; Angelo; Cross, 1993; Freie, 1987; Elbow, 1973; 1986).

09

ARGUMENTAÇÃO EM GRUPO E DISCUSSÕES

O valor pedagógico da *aprendizagem em grupo* está bastante bem estabelecido (Barkley et al., 2005; Hmelo-Silver et al., 2013; Udvari-Solner; Kluth, 2007; Horn, 2012; Ed-Serv Softystems, 2012; Daniels; Walker, 2001; Sagor, 2010; Thinking Together, 2007), tendo recebido reforço consistente do mundo virtual, em experiências como a da Wikipédia, que é literalmente um clube de autores (Lih, 2009; O'Neil, 2009): seu modo de elaborar é essencialmente colaborativo – todo texto pode sempre ser editado ou reeditado, todos podem colaborar sem depender de credenciais acadêmicas e o produto fica em aberto indefinidamente. Supor um produto final – esta tentação sempre retorna, à luz da expectativa modernista de conhecimento acabado de validade universal – seria desfigurar a dinâmica rebelde e disruptiva do conhecimento, bem como a atualização sem fim da aprendizagem. Não se fia no relativismo, porque este não suporta nenhuma validade, mas postula a validade possível entre mortais pesquisadores – aquela metodologicamente mais acurada possível e intersubjetivamente cultivada, sempre alerta e renovada/renovável. Naturalmente,

110   Aprender como autor • Demo

não combina com apostila e outras catacumbas do conhecimento, porque lida com conhecimento vivo, em rebordosa, autorrenovador, do futuro para o futuro. No entanto, trabalhar em grupo também acarreta riscos e problemas, a começar pela *tragédia dos comuns*: sempre ocorre que alguns se aproveitam da generosidade alheia para se locupletar – num dos exemplos clássicos, todos podem apascentar seu rebanho no pasto comum, desde que todos sigam regras de comum acordo, para que o pasto se renove na condição necessária, contando com a boa vontade de todos (Benkler; Nissenbaum, 2006; Benkler, 2002; 2003; 2004; iMinds, 2010; Hardin, 1995; Machan, 2001). O bem comum está acima da exploração individual. Em tese. Na prática, aparecem aproveitadores que precisam ser disciplinados, como bem anota Boehm (2012) em seu formidável estudo do surgimento da moral humana. Grupos nômades de caçadores/coletores, para terem êxito coletivo necessário à sobrevivência, tinham que contar com a moralidade coletiva, em especial para dar conta de caça grande que exigia o concerto das habilidades, energias e armas, e distribuição equitativa da carne. Como, porém, aproveitadores sempre aparecem, o próprio grupo gerou com o tempo e evolucionariamente a habilidade de controle de chefes e aproveitadores, de sorte a interpor o bem comum como regra de ouro moral. Esta regra chegava, quando necessário, às vias de fato, ou seja, à eliminação do poderoso ou aproveitador, um traço, em parte herdado, dos ancestrais símios que já manifestavam grande aversão a serem dominados (coalizões de subordinados para liquidar com o chefe arbitrário e prepotente). Foi assim que a humanidade viveu um período surpreendente de democracia grupal, como conquista da moralidade grupal, tornando preferencial a cooperação

(Boehm, 1999). Sendo todo grupo humano um contexto de poder, aparecem dinâmicas hierárquicas naturalmente que precisam ser enfrentadas pela cidadania interna, sendo esta a melhor maneira historicamente conhecida de lidar com a prepotência. Assim, é preciso contar com isso quando queremos usar grupos de estudo, pesquisa, discussão, elaboração, tomando algumas providências como gestação de um coordenador por eleição, bem como de um escriba, tomada de decisão por maioria, validade maior da autoridade do argumento, não do argumento de autoridade, formação de consenso possível sempre aberto, busca do melhor fundamento sem fundamento último e assim por diante. "Educar pela pesquisa" (Demo, 1996) propõe este tipo de ambiente da produção de conhecimento, combinando qualidade formal (lado do método) e político (lado da cidadania).

Um dos melhores meios para fomentar pensamento crítico autocrítico é trabalhar em grupo pequeno, onde precisamos convencer sem vencer, usando a força sem força do melhor argumento (Demo, 2011b). A presença do outro como parte da argumentação possível implica também saber escutar e ceder, negociar civilizadamente propostas, tomar sempre em conta o ponto de vista do outro a partir do outro, ainda que isto só se cumpra relativamente por conta da autorreferência mental (Demo, 2002). Bean insiste, por isso, na importância da orientação docente, ou na habilidade de *scaffolding* (mediação de apoio), hoje tão aclamada em ambientes virtuais como nos *videogames* sérios (Gee, 2003). Podem-se promover listagem de ideias por *brainstorming*, tese sopesada no coletivo, trecho a ser lido, antes, em voz alta, para, em seguida, ser discutido, projeção de um argumento a ser analisado. Não toca em possibilidades digitais da produ-

112 Aprender como autor • Demo

ção coletiva que avançou enormemente com plataformas como a wiki (Collins, 2013), pois permite registrar a contribuição de cada membro, tornando-se patente quem colabora ou não; tornou-se mais fácil controlar aproveitadores. Bean acentua argumentos disciplinares, que imagina próprios de cada conteúdo (MacGregor, 1990; Duch et al., 2001; Barkley et al., 2005). Podem-se integrar duas pedagogias consentâneas: de Hillocks e seu modo ambiental de ensinar (1986) – aprender depende em boa medida do ambiente grupal colaborativo/agregador – e de Bruffee e seu método de aprendizagem colaborativa (1983; 1984; 1993), com acento na arte de produzir grupos de consenso. Bean enfatiza uso de pequenos grupos orientados por objetivos, com prática supervisionada dos estudantes em disciplinas; difere do que Barkley et al. (2005) chamam de "grupos de zumbido" (*buzz groups*) sem chegar a consenso, ou do que Brookfield e Preskill (2005) chamam de "resposta circular", na qual cada um sumaria a proposta do colega anterior, escutando com atenção e respeito.

Requer-se, como parte da supervisão do grupo, *produção escrita*, de preferência antes também, com acento no uso da autoridade do argumento bem questionado e elaborado, de sorte que o texto resultante seja consistente nas partes e no todo: i) professor apresenta problema disciplinar requerendo pensamento crítico (resultando numa expectativa de argumento, não de "resposta certa"); ii) estudantes trabalham juntos em grupos pequenos para chegar a consensos possíveis ou "à melhor posição" sobre o problema; iii) numa sessão plenária, escribas do grupo apresentam soluções e argumentos do grupo; iv) à medida que todos os relatos se desdobram, o professor faz papel de *coach* quanto ao desempenho dos estudantes, apontando forças e fraquezas nos argumentos, mostrando como pretensões alternativas emergentes do grupo muitas vezes contornam debates disciplinares e oferecendo críticas construtivas; v) ao fim, o professor pode também explicar como o problema poderia ser abordado por expertos (Bean, 2011:185). É fundamental desfazer a expectativa de resposta certa, para não desvirtuar a tessitura aberta do conhecimento autorrenovador; para fazer discussão aproveitável em sessão plenária, cumpre apresentar o que o grupo elaborou, não simplesmente uma acumulação de ideias soltas – ou seja, produtividade do grupo depende muito de que cada membro traga algo por escrito e disso resulte algo escrito; na plenária, apresenta-se a produção escrita representativa. Desde a pesquisa de Abercombie (1960) ficou claro que estudantes aprendem melhor em grupo (neste caso em medicina), em especial habilidades de diagnóstico de pacientes (vem daí a existência hoje de cursos de medicina sem aula); cada estudante sustentava uma hipótese com razões, buscando ultrapassar a dos outros em argumentos; o pensamento crítico crescia da prática de formulação de hipóteses, argumentando por sua adequação e procurando consenso raciocinado que todos do grupo se dispunham a sustentar, num cenário de respostas abertas (Davis, 2009; Bligh, 2000). No exemplo médico, problematiza-se uma condição complexa de diagnóstico do paciente. O grupo passa a enfrentar a situação, agregando aportes dos membros, no início, como sugestões de abordagem tentativa. Acertando-se quais seriam os sintomas mais indicativos, passa-se a pesquisá-los na devida profundidade, implicando investigação mais ou menos detida, por vezes com divisões de tarefas. Cotejam-se as propostas, em especial seus fundamentos acadêmicos, a partir de elaborações individuais, para serem somadas

114 Aprender como autor • Demo

numa elaboração maior sucessiva, até se chegar a um texto final do grupo como um todo (Walvoord; McCarthy, 1990).

Podem-se imaginar muitos formatos de grupos e estratégias de discussão: na estratégia padrão, busca-se apenas discutir juntos algo de interesse comum, mas é pouco efetiva, embora, se bem feita, já possa ser útil; na estratégia de geração de pergunta, busca-se coletivamente achar qual a questão central, a pergunta chave; na estratégia de crer e duvidar (Elbow, 1973; Angelo; Cross, 1993) gira-se em torno de buscar razões para descrer, seguidas de razões para sustentar; na estratégia de achar evidência, o grupo busca indicações empíricas para suas teses, discutindo sua consistência; na estratégia de caso (Barkley et al., 2005; Bligh, 2000), o grupo centra-se num estudo de caso específico, buscando proposições específicas; na estratégia de sessão normativa (Thaiss; Zavacki, 2006), o grupo busca abordagem para questão moral ou jurídica; na estratégia de revisão por pares (Barkley et al., 2005), o grupo revisa coletivamente alguma proposta, problema ou texto, emitindo seu parecer; na estratégia do grupo em desempenho de papel, assume alguma função analítica ou avaliadora, oferecendo posição elaborada e dramatizada. Assim, a contribuição grupal pode ser muito variada, sendo o mais relevante a qualidade do processo produtivo de conhecimento, implicando, de preferência, agregação textual desde o início, não só para que se tenha a parte de cada um, mas principalmente para fazer dela um texto (tecido) final conjunto. Tem ainda a vantagem de ser viável controlar aproveitadores.

Discute-se sempre qual seria o tamanho ideal de um grupo de pesquisa e elaboração. Na revisão de Bruffee (1983) consta que seria de cinco; seis dá quase na mesma; grupos maiores que seis já acarretam mazelas, em especial se diluem facilmente; grupos de quatro tendem a dividir-se em duplas, e de três a cristalizar-se como um par contra um *outsider* (Rogers, 1961). Resta ainda a questão da elaboração: como não se escreve a quatro, seis ou oito mãos, mas a duas (ou melhor, a uma só, ao final), não temos como fazer um texto propriamente coletivo (na wiki existe aproximação bem mais palatável, mas, aí também, agregam-se aportes individualizados); em geral, nomeia-se um escriba que deveria "representar" o consenso, evitando interferir. Para elaborar, um grupo de três talvez fosse preferível, não porque os três elaborem ao mesmo tempo, mas porque se pode acompanhar melhor a elaboração do escriba.[1] Há sempre os que falam demais e os de menos, sendo tática comum passar a palavra a todos, ou eleger um moderador que tenha como uma das funções básicas, distribuir equitativamente a palavra, através de regras de jogo democráticas de acesso. Surgem igualmente questões de gênero: meninos parecem mais "racionais", meninas mais "emocionais" (Belenky

---

[1] Sobre escriba há muitas estórias preocupantes. Quando só alguns sabiam ler e escrever (na antiguidade), os chefes, sendo analfabetos, acabavam engolindo o que escriba dizia, inclusive quando ele contava o rebanho ou a fortuna. Talvez tenha sido esta a origem do dízimo na Bíblia: um escriba malandro interpôs a regra para o chefe poder viver dos subordinados e ele levar um casquinha também... Hoje temos a figura do "relator" em causas decididas por votação, como no Congresso, Tribunais, Assembleias etc., cujo poder é imenso, porque direciona a matéria, dá o primeiro parecer, puxa o ambiente e assim por diante; pode-se apor um segundo relator (contrarrelatoria), mas, ao final, havendo que se apresentar um texto para decisão, este texto acaba elaborado por "alguém"... Recentemente, esta questão se tornou pública no julgamento do "mensalão", por ter tido como relator um Ministro conhecido por sua bravura jurídica (Joaquim Barbosa) – não fosse ele, se fosse um relator tradicional alinhado aos poderosos, (por exemplo, um Lewandowski, que é o contrarrelator) o caso teria sido rapidamente "engavetado".

116 Aprender como autor • Demo

et al., 1986; Gilligan, 1982) – embora se trate muito mais de estereótipos, como é atribuir à mulher deficiência intelectual em matemática... Regra básica é argumentar e contra-argumentar sem agressão, valendo convencer sem vencer sob a força do melhor argumento, embora não seja o caso voltar às assim ditas "condições ideais do discurso", porque são sobretudo eurocêntricas, racionalistas, modernistas (Habermas, 1989; Barkley et al., 2005; Brookfield; Preskill, 2005; Bruffee, 1983; Johnson; Johnson, 1991; Johnson et al., 1991; Slavin, 1990; Morton, 1988).

No entanto, estudo em grupo também é matéria controversa (Barkley et al., 2005; Springer et al., 1999). Alguns dizem que estudo em grupo só serve para livrar o docente de se preparar (Wiener, 1986); outros acham que isto só reduz tempo produtivo em aula (como se aula fosse coisa produtiva!); outros realçam excentricidades em grupos (alguém que quer aparecer, por exemplo) ou apagamento das individualidades... Outros mais realçam perda de tempo (discutir, discutir, discutir, fofocar, fofocar, fofocar..., sem sair do lugar) ou democratismo perdido (vale maioria, não argumento), ou acerto de compadres (consensos arranjados), e assim por diante. E ainda há sempre o risco enorme e natural dos aproveitadores – gente que se aproveita do grupo para espoliá-lo. Em grande parte todas essas cautelas são mais que normais, se levarmos em conta que, sendo tudo na pedagogia tão ambíguo, trabalho em grupo não deixaria de ser. Assim, quando se ressaltam virtudes do trabalho em equipe, não se pretende esconder tais problemas, mas precisamente sugerir que ainda é o melhor método de aprendizagem no contexto de tais problemas. Aparentemente, aula evita tudo isso, mas evita sobretudo aprender!

Um dos efeitos mais imediatos da aprendizagem autoral, crítica autocrítica, é eliminar a aula instrucionista, porque totalmente inútil, além de antipedagógica, porque é proposta típica de professor que não sabe aprender. À medida que procedimentos de produção própria sob devido *scaffolding* penetram a escola, esta muda de sentido por completo, passando de local do repasse de conteúdos, para ambiente de coautoria crítica autocrítica, implicando ainda outro leiaute físico. Havendo, porém, aulas aproveitáveis, de teor tipicamente instrumental, podem ser bem melhoradas com iniciativas autorais, até porque estas naturalmente empurram a aula para o pano de fundo, que é onde podem ter ainda alguma serventia (Linn; Eylon, 2011; Finkel, 2000). Podem ser úteis: tarefas de escrita formal ou não formal; paradas para reflexão conjunta, de preferência com escrita individual e coletiva; organização de diálogo entre dois lados para marcar argumentos pró e contra; planejamento em adiantado de tarefas elaboradas para exposição em aula, etc. (Davis, 2009; Heppner, 2007; Brookfield, 2006; Brookfield; Preskill, 2005; Barkley et al., 2005; Fink, 2003; Weimer, 2002; Stanley; Porter, 2002; Bligh, 2000; Bransford et al., 2000; Bonwell; Eison, 1991). O foco está na visão de que "ser professor é cuidar que o aluno aprenda" (2004a), sendo este o sentido básico de "aula": cuidar da participação autoral do estudante.

Segundo muitos autores, aula, nem de longe, possui a efetividade imaginada; quando são instrucionistas, não valem literalmente nada (Linn; Eylon, 2011; Wagner, 2008; Finkel, 2000; Prensky, 2010; Weimer, 2002; Meyers; Jones, 1993; Johnson et al., 1991; Bonwell; Eison, 1991). Observe-se, entre outros, o texto provocativo de Finkel (2000), que usa 300 páginas para mostrar que o professor faria

118 Aprender como autor • **Demo**

bem melhor se ficasse calado em sala de aula. Aulas sempre carecem de pontuação dos estudantes, para que se encaixem minimamente em aprendizagem ativa (Davis, 2009; Heppner, 2007; Stanley; Porter, 2002), e devem buscar cenários alternativos (Prince; Felder, 2007; Prince, 2004; Beichner; Saul, 2003; Brookfield; Preskill, 2005). No entanto, discussão é muitas vezes um álibi inepto:

> "Enquanto aula é muitas vezes vista como forma passiva de instrução para estudantes, a maioria dos docentes pensa que discussão em aula é algo ativo. Mas aulas de discussão frequentemente falham em produzir o tipo desejado de aprendizagem ativa. Em particular problemáticas são discussões nas quais o professor simplesmente tenta arrancar respostas corretas ou faz perguntas fechadas, ao invés de abertas, levando os estudantes a 'adivinhar o que o instrutor está pensando'. Outro problema com aulas de discussão é, paradoxalmente, que o professor frequentemente monopoliza a fala. Brown; Atkins (1988) sumariaram estudos de pesquisa de aulas de discussão, mostrando quão frequentemente docentes, sem perceber, dominam o tempo de fala. Um estudo mostrou que docentes falam cerca de 86% do tempo, muito embora se vissem como apenas guiando a discussão. Problema correlato é que em muitos casos, a discussão é carregada por apenas alguns estudantes, enquanto a maioria (usualmente muito mais do que o docente supõe) escuta passivamente. Mesmo em discussões onde animadamente se permuta conversa

com a turma toda, nem sempre há espaço suficiente para 'cada qual desenvolver seu ponto de vista adequadamente'. Um estudante é muitas vezes cortado no meio de sua argumentação pelo próximo que não sabe esperar a vez e quer intempestivamente contribuir. De fato, como todos sabemos da experiência pessoal, participantes em discussões muitas vezes gastam seu tempo planejando o próximo lance de contribuição própria, ao invés de escutar ativamente os que colegas estão dizendo." (Bean, 2011:206).

Algumas técnicas de discussão em grupo, em geral desenvolvidas por psicólogos, podem ajudar (Brookfield; Preskill, 2005; Davis, 2009; Christensen et al., 1992; Bateman, 1990): organizar/disciplinar o acesso à fala, estabelecer problematização clara e aonde se quer chegar, cuidar da autoridade do argumento como fundamentação mais adequada, instalar modos de superar conflitos (democraticamente), estabelecer contribuição elaborada como preferencial, garantir participação de todos antes de qualquer decisão, e assim por diante. Cabe sempre incluir exercícios autorais grupais *online*, em especial usar a plataforma wiki ou similar (*moodle*, por exemplo) para fomentar discussão em grupo com lastro controlável publicamente, também para não limitar a produção de conhecimento próprio à sala de aula, o que é, de fato, extremamente ridículo hoje em dia.

10

AVALIAÇÃO POR ENSAIOS

Finalmente, alguns exames padronizados oficiais (tipo Enem) incluem "**redação**" sobre tema aberto, o que tem trazido vendavais nos cursinhos habituados à decoreba livre e solta.

"Professores que valorizam em seus cursos a escrita muitas vezes orgulham-se especialmente em seu uso de exames por ensaio, ao invés de testes objetivos. Esses professores sentem que exames por ensaio, requerendo dos estudantes que analisem e argumentem, podem revelar maestria estudantil em torno do conteúdo de maneira que testes objetivos não conseguem. (Muitos especialistas em mensuração e avaliação contestam isso, como veremos). Em acréscimo, questões de exame por ensaio, ao contrário de tarefas de escrita focadas mais estreitamente fora da sala de aula, pedem que estudantes sintetizem conceitos e combinem vários horizontes do material do curso. Como resultado, exames

122 Aprender como autor • Demo

por ensaio – mais que tarefas de escrita fora da sala de aula – ajudam os estudantes a ver curso todo em perspectiva e, assim, podem ser ferramentas poderosas para aprendizagem. Finalmente, exames por ensaio ajudam rapidamente os estudantes a aprender a pensar e a compor, oferecendo preparação para profissões que exigem trabalhar com documentos sobre condições de prazos fatais" (Bean, 2011:211).

A argumentação de Bean é pertinente, mas incompleta, porque não se trata só de corresponder a profissões que pedem elaboração com prazos apertados, mas sobretudo de avaliar aprendizagem mais condignamente, como dinâmica complexa, não linear, própria do conhecimento autorrenovador. Hoje, qualquer profissão própria da economia do conhecimento pede esta habilidade, resumida, na versão de Wagner (2008), em **pesquisar e elaborar**, valendo também para áreas exatas (por exemplo, elaborar matemática como texto) (Linn; Eylon, 2011). Mas, como não poderia deixar de ser, isto é controverso, pelo menos ainda.

Especialistas em testes educacionais principalmente, que comparam exames por ensaio com testes objetivos, bem como especialistas em escrita através do currículo que comparam tipos de tarefas de escrita formal e exploratória, consideram ensaios referência duvidosa da avaliação. Em muitos casos, especialistas em teste e mensuração educacional preferem provas objetivas a exames por ensaio, mesmo quando se tem emente sopesar níveis mais elevados da taxonomia de Bloom (1956) dos objetivos educacionais. Jacobs e Chase (1992) endossam cautelosamente exames por ensaio para testar habilidades cognitivas mais elevadas,

Avaliação por ensaios **123**

mas preferem uma série de ensaios breves de dez minutos, ao invés de um ou dois mais profundos. A literatura favorável aos testes objetivos em geral assume postura *positivista* de conhecimento, tomando conteúdo escolar como corpo de material objetivo testável que os estudantes podem aprender em vários níveis de profundidade e sutileza. Outras visões mais próximas do pós-modernismo não aceitam mais esta visão considerada ultrapassada epistemologicamente, porque propalam noção equivocada de conhecimento como sequência linear de produtos acabados e divisíveis em partes analíticas separáveis, como aparecem em livros texto ou apostilas. A ideia positivista de que é possível armar questões de múltipla escolha de maneira suficientemente profunda para se chegar a níveis elevados de elaboração nutre-se dessa perspectiva linear que inclui resposta certa para perguntas complexas (Clegg; Cashin, 1986). Cashin (1987) identifica seis limitações de exames por ensaio: i) agregam apenas conteúdo limitado, porque a escrita se esparrama à toa, cobrindo casualmente conteúdo (Cashin, 1987:2); ii) não são confiáveis, a começar pelas avaliações que admitem excesso de variação de avaliador a avaliador, chegando-se a constatar que o mesmo avaliador atribui menção diferente ao mesmo ensaio em outra ocasião; iii) menções podem ser influenciadas pela impressão que o estudante deixa, uma espécie de "efeito halo"; iv) menções refletem fatores não relacionados com conhecimento de conteúdo; há influências que advêm da escrita à mão, habilidades gramaticais e sintáticas, do uso de alocuções que, em si, nada têm a ver com o conteúdo.

Em especial por falta de confiabilidade, Cashin recomenda limitar o uso de exames por ensaio apenas aos resultados de aprendizagem que não podem ser satisfato-

124 Aprender como autor • Demo

riamente mensurados por "itens objetivos" (IDEM). Para Cashin isso ocorreria quando o docente quer enfatizar a escrita como tal ou pretende animar os estudantes a "explorar atitudes, mais do que testar desempenho cognitivo" (IDEM). Este tipo de cautela, porém, trai visão bitolada modernista de conhecimento, ao ignorar a tessitura complexa, não linear de análises críticas autocríticas, por exemplo, a expectativa flexível de respostas não necessariamente exatas e que são as mais realistas. Testes de múltipla escolha são farsantes porque, primeiro, a escolha é completamente dirigida; segundo, havendo uma só certa, traduz expectativa muito deturpada do que é saber pensar, que, aliás, fica alijada, de antemão, de avaliação. Qualquer visão mais complexa do caráter intrinsecamente problematizador e problemático do conhecimento autorrenovador reconhece que testes fechados são maneira muito limitada (ainda assim utilizável) de avaliação, porque funciona aí a tradicional armadilha epistemológica modernista: não se procura captar a complexidade da realidade, mas a parte que cabe no método, ou seja, sua parte linear.

Avaliações alternativas, também as que optam por ensaio aberto, não sanam todos os problemas de avaliação, porque não são sanáveis. Não há avaliação perfeita, ainda mais de dinâmicas incalculavelmente complexas como é habilidade crítica autocrítica. Assim, não é o caso simplesmente excluir avaliações ditas objetivas, pois têm alguma utilidade, nem sacralizar outras mais qualitativas e que podem ser até mesmo mais enganosas, quando qualquer coisa é qualquer coisa. Quando se defende hoje a *avaliação processual* – aquela embutida no processo de aprendizagem como componente intrínseco e cotidiano – já não se busca qualquer panaceia, mas procedimento mais realista, voltado para o que o aluno produz, ao invés daquilo que o aluno memoriza. Como estamos lidando com grandezas muito complexas e como, para analisar, cumpre também simplificar, é preciso sempre não perder de vista o que se perde e ganha em cada procedimento. A avaliação processual coloca enorme responsabilidade sobre os ombros docentes, postulando competência especializada em avaliação de produções acadêmicas complexas, o que, desde logo, se torna função reservada a este tipo de experto, como é o caso notório e bem conhecido do diagnóstico médico: só pode ser feito pelo médico. Na avaliação dita "objetiva", a correção pode ser feita pelo computador, o que já indica uma condição extremamente formalizada e artificial que elimina o ponto de vista do observador, o próprio observador, sobretudo o próprio pensamento crítico. A pretensa vantagem da "objetividade" é irreal, não só porque nem a mais sofisticada formalização elimina o ponto de vista do observador epistemologicamente falando, mas porque o aspecto formal mata o aspecto político do pensamento crítico; lida-se, como na apostila, com conteúdo morto, não com conhecimento vivo autorrenovador. Testes "objetivos" facilitam a vida dos avaliadores, imaginando que não sejam contestáveis, uma expectativa completamente irrealista e prepotente. **Nada é mais subjetivo que a objetividade em ciência**... (Deacon, 2012; Latour, 2005). Chama a atenção que a Finlândia, considerado o país mais avançado em desempenho escolar do mundo (mantém o topo do desempenho no PISA há 15 anos), não usa teste padronizado externo oficial, mantendo apenas um tipo de vestibular ao fim do ensino médio, para fins de acesso na universidade. Ao mesmo tempo, é o país com menor dose de aulas e deveres de casa, porque a pedagogia escolar se orienta pela

126 Aprender como autor • Demo

pesquisa e elaboração, não pela decoreba (Sahlberg, 2010). Seria o caso lembrar a literatura farta, em especial norte-americana, em torno do *high-stakes testing* (teste de alta aposta, ou com consequências dramáticas), questionando sua capacidade de avaliação da qualidade da aprendizagem e indicando a montanha de fraudes nele implicada (Nichols; Berliner, 2007; Au, 2009; Hunt, 2008; Madaus et al., 2009). A própria condição técnica e digitalizada dos testes ditos "objetivos" pode ser uma fraqueza perante fraudadores profissionais, sem falar da grita geral contra a propensão muito negativa dos testes padronizados de deturparem o currículo inteiramente (ensina-se só o que interessa aos testes). Fraudes também há em avaliações de produções abertas, certamente, onde se correm outros riscos não menos alarmantes. Por isso, é preciso sopesar vantagens e desvantagens, sem maiores dicotomias, embora esteja se tornando cada vez mais claro que avaliar habilidade crítica autocrítica não funciona em avaliações padronizadas e fechadas. A tática comum de validar estatisticamente quesitos de testes tem sua função, naturalmente, contribuindo para a confiabilidade dos exames, mas é procedimento que também artificializa o conhecimento. O conhecimento mais profundo e elevado não produz certezas, mas sempre novos questionamentos abertos, correspondendo igualmente a dinâmicas abertas de uma realidade no fundo insondável.

Claramente, ao fundo, disputam-se **epistemologias**. Embora seja prosaico dividir temas em dois lados, porque são muitos os lados, podemos dizer: *de um lado*, há a visão modernista ancorada numa expectativa de realidades fixas, definitivas, completas, demandando explicações também formais, completas, definitivas, como quer a prática escolar e se acomoda na apostila; *de outro*, a visão representada por um feixe de movimentos alternativos (pós-modernismo, pós-estruturalismo, pesquisa pós-colonial, pesquisa feminista etc.), que vê conhecimento como dinâmica autorrenovadora, carecendo de epistemologia flexível e aberta. Embora a segunda versão se queira mais realista, não existe como erigir um padrão de realismo, porque não lidamos com a realidade como tal, mas com a realidade que nossa mente consegue conceituar e dimensionar, ou seja, do ponto de vista do observador (Maturana, 2011; Demo, 2002). Assim, enquanto uns bolam testes pretensamente objetivos para captar "objetividades", outros, que não acreditam nisso, preferem ensaios livres e abertos, precisamente para dar asas à crítica autocrítica. Não estamos resolvendo todos os problemas, apenas problematizando possivelmente melhor. Podemos certamente melhorar o uso de ensaios, oferecendo temas mais manejáveis, delimitados, com hipóteses mais estreitas de trabalho, talvez com literatura de fundo predefinida, levando-se, porém, em conta que, limitando muito, vamos perdendo o charme maior do ensaio que é colocar na responsabilidade do ensaísta sua capacidade crítica, criativa e autocrítica. Importante sempre é exercitar escrita desde mais tenra idade escolar, escrevendo todo dia. Escrever bem só vem com muito exercício, muita leitura, muito texto. Com apoio em plataformas digitais, podemos hoje tornar elaboração mais visível, publicar de várias maneiras, disseminar na *web*, incrementar a autoria sob todas as formas, indicando, assim, horizontes mais promissores de aprendizagem (Jacobs; Chase, 1992; Brossell, 1983).

Na verdade, o que está em questão é o desafio de aprender bem. Tomando-se em conta que o sistema de ensino vigente na escola é fracasso redondo (Patto, 1993), urge vislumbrar alternativas e que, por sinal, não estão longe, nem são rebuscadas: são muito antigas, se iniciarmos pela maiêutica socrática; foram acantonadas no modernismo, por força do positivismo que escolheu ficar apenas com o lado linear da realidade e do conhecimento; mas renasce agora como "nova epistemologia" (Demo, 2011b), indicando um dos horizontes mais importantes da sociedade/economia do conhecimento: conhecimento como gerador central das oportunidades de vida e mercado, visto não como repositório morto em apostilas póstumas, mas como manancial da superação sem fim. Isto derruba a prática escolar por completo, porque avessa frontalmente a este tipo de sociedade e economia – por isso a escola e a universidade cheiram a mofo, por serem entidades ultrapassadas, preparando as pessoas para o passado.

11

PESQUISA, ELABORAÇÃO E APRENDIZAGEM

"**Pesquisa pode ser uma das tarefas mais valiosas que damos aos estudantes**" (Bean, 2011:224). Sejamos, porém, realistas. Como nossos estudantes não aprenderam a pesquisar, em grande parte porque estudam com professores que não pesquisam ou sabem pesquisar, esta tarefa contém suas dificuldades naturais. Não é coisa que o estudante sai fazendo, só porque o docente lhe disse para fazer. Um dos riscos mais comuns do "educar pela pesquisa" é achar que pesquisa é qualquer coisa. Produzir conhecimento é desafio complexo, até porque se trata da tecnologia da mente mais importante de todos os tempos: os seres humanos mudaram de vida de maneira tão contundente – se compararmos como vivemos hoje e vivíamos nas cavernas – porque conseguiram evoluir mentalmente, de sorte a entender a realidade de maneira mais operativa e dominá--la, em parte. É possível que nunca venhamos a entender a complexidade da realidade como gostaríamos, porque, sendo filhos dela, só a vemos como parte, parcialmente. O "ponto de vista do observador" é tanto a chance que temos de penetrar um pouco a realidade, quanto também nosso limite: não damos conta de tudo, mas do que cabe em nossa mente. Por ser, assim, a capacidade de produzir conhecimento próprio possivelmente nossa maior tecnologia do espírito, precisamos usar a escola e a universidade como palcos desse desempenho em tom maior. É perda irresponsável de tempo permanecer tanto tempo na escola e na universidade para ficar curtindo conteúdo morto, ouvindo aula instrucionista, memorizar apostila póstuma, cuidar de cemitério intelectual. Por isso, pesquisar é coisa que deveríamos aprender na tenra idade, dentro do ritmo natural da curiosidade infantil que, perante a realidade, quer saber das coisas, pondo-se a perguntar sobre tudo. Os adultos em geral, incomodados por tantas perguntas, tentam incutir na criança a expectativa de que para tudo temos uma resposta certa e que os adultos lhe dão de graça. Mata-se a curiosidade, assim como a aula instrucionista mata a vontade de aprender.

Pretender que aos quatro anos de idade a criança já tenha contato com método científico, experimentação, linguagem acadêmica, vigência da sociedade e da economia do conhecimento, manejo inteligente da informação disponível, autoridade do argumento, parece balela, mas só para quem ainda mantém conhecimento como ossada embalsamada. A criança de hoje deve ter a chance de protagonizar à plena cidadania sua sociedade energizada, mais que outras, pela rebeldia do conhecimento cada vez mais autorrenovador. Precisamos combinar inteligentemente a capacidade de produzir conhecimento com a de torná-lo bem comum, para proveito de toda a humanidade. Entende-se, então, por pesquisa, não só o compromisso de produzir conhecimento de cunho científico, mas igualmente de formar melhor o estudante no sentido da aprendizagem autoral. Não cabe separar as duas atividades, porque são uma só: **ao produzir conhecimento, formar melhor; formar melhor, produzindo conhecimento.** Certamente, já seria importante que cursos universitários deixassem para trás o instrucionismo, reduzindo ou eliminando as aulas, colocando em seu lugar pesquisa e elaboração. Primeiro, pode-se hoje alegar que todos os conteúdos já estão na internet, que se tornou a *apostila globalizada* – reproduzir conteúdo vai se tornando acinte, imbecilização, impertinência (Weinberger, 2011). Por estar o conteúdo morto já na internet, bem morto, existe a tentação constante de coveiro oficial no professor, transferindo esta posição para os estudantes, que, ao invés de protagonizarem o futuro da sociedade e da economia do conhecimento, são induzidos a serem ajudantes de coveiro. Segundo, seria de bom aviso começar todo curso universitário com um ano propedêutico, no qual se trabalham essencialmente as habilidades de pensamento crítico, pesquisa e elaboração, argumentação e contra-argumentação, método científico, metodologia científica, literacia digital autoral, produção, tratamento e análise de dados estatísticos, com o objetivo de apetrechar o estudante com as ferramentas autorais que vai usar para profissionalizar-se em sua disciplina. Terceiro, a partir daí, o estudante se torna engenheiro, pedagogo, físico, sociólogo, **fazendo** engenharia, pedagogia, física, sociologia, através da produção sistemática de conhecimento próprio, ora individual, ora coletivo. Quarto, professor assume sua função de mediador pedagógico (*scaffolding*), instigando o estudante à autonomia e autoria, à medida que aprende a ser o protagonista de sua profissão, no cenário da autorrenovação profissional permanente. No entanto, pesquisa não deveria aparecer

132 Aprender como autor • Demo

só na graduação. Já é tarde. Precisa penetrar a educação básica e começar na educação infantil. Desafio maior está no professor, que, por sua vez, depende de sua formação universitária, sem falar em outras condições fundamentais de trabalho. Como já se aventou, pesquisa precisa ser modulada de maneira jeitosa para cada momento da vida estudantil. Uma coisa é pesquisa na criança de quatro anos, outra no doutorando, mas o espírito é o mesmo.

Levemos em conta que grande parte dos estudantes interpreta mal o que é pesquisa, pensando longo num texto esparramado, enchendo linguiça, copiado na internet. Mas isto depende também do professor: para tema tolo, só mesmo elaboração tola!

> "Os estudantes de hoje vão antes ao Google – com uma parda prévia na Wikipédia – ao invés de enciclopédia impressa, mas a motivação é a mesma: encontrar uma variedade de fontes de informação que pode ser agregada num tipo de colagem que dê conta das tarefas assinaladas, dentro dos limites de página e número de fontes exigidas. Este foco na informação é motivado, em parte, pelo equívoco do novato do que se quer dizer com 'pesquisa'. Conforme um estudo, 87% dos novatos pensam que pesquisar é 'ir à biblioteca e achar livros e artigos para usar no texto' (Ritter, 2005:628). Em outras palavras, quando estudantes ouvem a palavra pesquisa, pensam em 'ir à biblioteca' (ou talvez ao Google); não pensam em, digamos, observar organismos em viveiros, analisar linguagem corporal num elevador cheio ou investigar dados longitudinais de

Pesquisa, elaboração e aprendizagem **133**

desemprego para os últimos dez anos em certa região. Ir à biblioteca ou ao portal da biblioteca, em outras palavras é apenas parte do que sucede quando muitos profissionais disciplinares buscam pesquisar. O termo 'projeto de pesquisa' transmite aos estudantes a parte referente a ir à biblioteca, mas ignora a parte da investigação crítica. Este equívoco do projeto de pesquisa muitas vezes cria um círculo vicioso de cinismo entre professores e estudantes. Cohen; Spencer (1983), escrevendo sobre a divisão superior dos projetos de pesquisa em economia, queixavam-se de que os projetos de pesquisa dos estudantes eram 'medíocres, vomitados e sem inspiração'. Reportaram: 'Ao fim do prazo, mais da metade dos estudantes nunca tinha ido buscar os textos avaliados. Esta pilha de textos não recolhidos era sinal certo da alienação estudantil, face a seus textos... Quando se perguntava a eles sobre a falta de argumentos coerentes na elaboração, as respostas típicas eram: 'Como se pode esperar que graduandos digam algo original?', ou 'como posso eu (o estudante novato) dizer-lhe (o docente experto) alguma coisa que não saiba ainda?'" (Bean, 2011:222).

Esta alienação é exacerbada pela histeria do plágio por parte dos professores, resultando em mecanismos de policiamento (aplicação do Turnitin.com, ou outros *softwares* para detectar plágio). O próprio comentário de Cohen e Spencer de que estudantes não têm nada de original a dizer apenas reforça o sentimento do estudante sem voz e poder...

134 Aprender como autor • **Demo**

A par da responsabilidade dos docentes que, dando aula sem autoria, não são capazes de mobilizar atitude minimamente aceitável de pesquisa, ocorre que, de fato, os estudantes muitas vezes produzem aberrações de textos que nada têm em comum com expectativas acadêmicas mais consistentes. Não admira, no entanto, porque sistemas obsoletos de ensino são táticas tacanhas para evitar autoria. Estudantes poderiam estar produzindo coisa bem melhor, se tivessem a devida oportunidade. Comparecendo à universidade para escutar meras aulas, por vezes copiadas para serem copiadas, joga-se fora o tempo que poderia ser usado, mesmo com o cansaço depois do trabalho, em pesquisa, elaboração, leitura, produção própria. Quando, por acaso, são instados a escrever, por exemplo no Trabalho de Conclusão de Curso (TCC), surge extrema dificuldade por falta de qualquer traquejo autoral. O que sai pode ser muito incipiente, quando não é comprado no mercado negro ou plagiado na internet. No entanto, tomando-se em conta a experiência do Pibic, torna-se claro que esses estudantes fazem TCC sem maiores problemas, porque a experiência de pesquisa apresenta-se como melhor solução. TCC, muitas vezes, contudo, é como "gênero pseudoacadêmico" ou "gênero vira-lata" (Wardle, 2009:774), com significação diferente para cada professor e entidade (Nowacek, 2009; Beaufort, 2007; Thaiss; Zawacki, 2006; Carroll, 2002; Larson, 1982). O caminho para elaboração acurada não é linear – carece de exercício constante e acompanhamento sábio docente (MacDonald, 1994). Mas nada favorece mais a expertise acadêmica de elaboração do que montar o curso como tal como processo de pesquisa e elaboração. Ao invés da aula instrucionista, traz-se o aluno para coautoria com o professor, exercitando constantemente (a cada aula, que não será mais aula apenas) autoria. Acompanhando de perto esta elaboração, o professor pode monitorar o progresso discente, passo a passo, tanto em como melhora sua linguagem, sua sensibilidade retórica, em como usa o método científico, em como analise dados e cuida da evidência empírica, ou em como interpreta crítica e autocriticamente em textos de autoria crescente (Bean; Iyer, 2009; Bent; Stockdale, 2009; Bizup, 2008).

O quadro a seguir exemplifica questões de pesquisa.

Quadro 11.1 Questões de pesquisa

Tipo de questão	Explanação	Exemplo das ciências naturais	Exemplo das ciências sociais
1. *Questões da Existência*: "Será que X existe no domínio de Y?"	Muitas vezes pesquisadores simplesmente querem determinar se um fenômeno dado ocorre ou existe dentro de um domínio dado.	Será que fragmentos de fungos existem em sedimentos pré-cambrianos?	Será que anúncios para computadores aparecem em revistas de modas para mulheres?
2. *Questões de mensuração*: "Quão grande/pequeno/rápido/muito/muitos/brilhante é X?"	Aqui pesquisadores querem medir a extensão na qual algo ocorre (%) ou o grau ou tamanho de um fenômeno.	Quão quente é a superfície de Vênus?	Qual a percentagem de cartões de nascimento de crianças correntemente apresentados em lojas locais que contêm estereótipos de gênero?
3. *Questões de comparação*: "É X maior/menor do que Y ou diferente de Y?"	Pesquisadores frequentemente querem estudar como dois eventos, grupos ou fenômenos diferem conforme montantes maiores ou menores de alguma medida.	É a radiação da lua de Júpiter maior em áreas vulcânicas do que em não vulcânicas?	Será que cursos de humanidades reportam menos horas de estudo por semana do que nas não humanidades?
4. *Questões de correlação*: "Se X varia, varia Y?"	É tipo mais complexo de questão de comparação no qual pesquisadores determinam se diferenças em X são acompanhadas por diferenças correspondentes em Y.	Será que o nível de agressão de ratos machos varia com os níveis de testosterona em seu sangue?	Será que avaliações dos estudantes variam com as notas que esperam receber dos cursos?
5. *Questões experimentais*: "Será que uma variação em X causa uma variação em Y?"	Aqui pesquisadores se movem para além das correlações para tentar determinar as causas diretas de certo fenômeno.	Se ratos machos são forçados a estresse para competir por comida, será que o nível de testosterona em seu sangue aumenta?	Será que crianças pré-escolares levadas ao *shopping* após assistir a comerciais de TV em favor de cereais com alto teor de açúcar pedem tais cereais em taxa mais elevada do que num grupo de controle que não viu os comerciais?

Fonte: Bean, 2012:237.

Apesar das críticas sempre possíveis a estudantes que participam de projetos de pesquisa, em especial em programas como Pibic, em geral constata-se imensa satisfação dos professores orientadores por verem seus pupilos fazer progressos por vezes contundentes (Bean et al., 2005; Willingham, 2009). Este tipo de experiência parece desvelar alguns parâmetros da pesquisa: de um lado, as expressões mais elevadas da pesquisa profissional, dos pesquisadores renomados na academia ou fora dela, não são fáceis de dominar – exigem muito tempo de dedicação e fazem parte também da vocação, que nem todos têm; de outro, pesquisa também é dinâmica natural em toda criatura humana curiosa e que pode ser cultivada desde a tenra idade, como sugerem professores de ciência americanos e israelenses (Linn; Eylon, 2011). Ainda, cabe sempre alegar que o objetivo da pesquisa não se esgota na produção sofisticada de conhecimento; o objetivo formativo não é menor; em alguns casos é até mais importante, dependendo do contexto. Trata-se de cultivar habilidades formativas, com uso preferencial da autoridade do argumento, saber trabalhar em equipe democrática e competentemente, lidar com consensos fundamentados e abertos, olhar conhecimento como patrimônio de todos e assim por diante. Não esperamos que novatos de pesquisa resolvam desafios complexos da pesquisa de alto nível, porque estão em processo formativo formal. Mas esperamos que eles se formem melhor.

Figura 11.1   Entendimentos

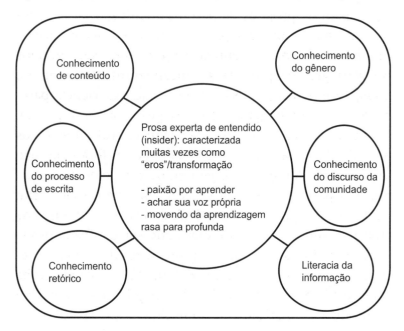

Fonte: Beaufort, 2007:19.

Na prática, porém, experiências como o Pibic são ainda fugazes, tanto porque são parcas (poucos estudantes têm chance), quanto porque duram pouco (muitos passam um tempo pesquisando, depois voltam à vala comum). Não possuem o potencial necessário para virar a mesa, no sentido de superar o instrucionismo dominante, em grande parte porque o professorado ainda está contaminado pela aula como didática praticamente exclusiva. De um lado, os professores não possuem formação pedagógica mínima para discutir alternativas didáticas, sem falar que, se buscarem apoio no departamento de educação, poderão facilmente voltar piores de lá, porque pedagogia continua sendo um dos antros mais empedernidos do instrucionismo. De outro, admite-se que, tendo o título exigido (mestrado ou doutorado), estão habilitados a "dar aula", sem devida autoria. **Ainda não se estabeleceu a convicção docente de que só se pode dar aula do que se produz.** O resto é plágio! Neste sentido, docência ainda não é atividade marcada por competências específicas, para além da titulação. Esta condição vai facultar o absurdo de dar qualquer aula dentro de seu curso. Docência definida como reprodução de conteúdo, em geral copiado para ser copiado, é um dos vícios mais comprometedores da formação dos estudantes nas universidades e na escola.

Quadro 11.2 Metadisciplinas, metagêneros, exemplos

Metadisciplina	Explanação	Disciplinas típicas	Exemplos: modos de fazer	Metagênero	Gêneros relacionados
Solução de problemas	Profissionais disciplinares usam conhecimento disciplinar e procedimentos para resolver problemas do mundo real para um cliente determinado.	Negócios, engenharia, economia aplicada, agricultura, algumas subdisciplinas em ciências sociais.	Profissional de finança propõe modo melhor de prever valor futuro de novo produto. Grupo de engenheiros concebe bateria mais leve com tempo mais curto de recarga.	Proposta prática para rersolver um problema.	Memo de recomendação Relatório técnico Estudo de viabilidade Relatório oficial Plano de gestão Documento técnico Proposta de financiamento.
Pesquisa empírica	Pesquisadores usam conhecimento disciplinar e procedimentos para avançar entendimento empírico do mundo.	Ciências físicas e sociais.	Biólogo estuda transferência de energia dentro das células. Psicólogo estuda efeito do estresse em desempenho em teste.	Pesquisa experimental Relato com estrutura de IMRD* (introdução, métodos, resultados, discussão).	Etnografia Estudo qualitativo Descrição técnica Artigo científico Pôster Apresentação de conferência Proposta de pesquisa.
Interpretativa/ teórica	Pesquisadores interpretam documentos/artefatos/ fenômenos culturais através de várias lentes teóricas com expectativas de que problemas serão continuamente debatidos, ao invés de 'resolvidos'.	Humanidades e disciplinas interpretativas dentro das Belas Artes (história da arte).	Acadêmico literário usa teoria historicista nova para interpretar Hamlet. Historiador usar documentos de arquivo e teoria feminista para reinterpretar reinado medieval feminino.	Artigo de revista disciplinar (sem padrão estrutural claro).	Pesquisa para conferência Apresentação de conferência Capítulo de livro Livro Coleção editada
Desempenho	Modos de conhecer resultam em desempenhos.	Belas artes (dança, musical, escultura), jornalismo, produção de multimídia, escrita criativa.	Escultor monta exibição em estúdio Jornalista escreve concepção de artigo.	Reflexão/crítica.	Notas de programa Revisões Portfólio

Fonte: Carter, (2007:385-418) e Bean, (2011:257). *Mestre Internacional de Ciência do Desenvolvimento Rural.

Avaliar ensaios ou elaborações de pesquisa é desafio dos mais incisivos para professor e estudante (Broad, 2003; Diederich, 1974; Walvoord; Anderson, 2009; Cooper; Odell, 1966). Há pelo menos duas preocupações fundamentais na avaliação. Num primeiro momento, é importante avaliar de modo minimamente "justo", no sentido de que a nota ou menção ou comentário (ou qualquer outra coisa que se use) sejam adequados à qualidade do texto. Para isso, o estabelecimento de critérios é algo decisivo, em especial levando-se em conta os riscos de subjetivismo que tais elaborações implicam naturalmente. Distinguem-se dois tipos de critérios: formais e políticos (Demo, 2000). Em geral, usam-se apenas os formais, porque os políticos são os mais controversos, embora também os mais interessantes. Os formais dizem respeito à forma da elaboração, em especial sua consonância com o método científico, e são os mesmos que usamos para avaliar qualquer tese, ou dissertação, ou TCC. As elaborações precisam apresentar desenvolvimento não contraditório, argumentação coerente, alguma originalidade, revisão da literatura pertinente, evidência empírica adequada, tratamento metodológico consistente conceitual e experimental e assim por diante. Critérios políticos, por sua vez, não são extrínsecos (Demo, 2011d), porque, como vê Foucault (1971), estão dentro da casa do conhecimento, embora com este não se confundam. Procedimentos ditos objetivos ou neutros não os extirpam, apenas os controlam e, em geral, escamoteiam, razão pela qual é mais prudente abrir o jogo. Em especial quando se opta por "métodos qualitativos" de pesquisa que buscam aliar teoria e prática, torna-se importante sopesar a utilidade pública da pesquisa, o senso por alternativa histórica, teórica e metódica, a capacidade de mudança e transformação, dentro da regra

142 Aprender como autor • Demo

da discutibilidade irrestrita. Dada, porém, a teimosia positivista excitada, pode-se compreender que muitos professores deixem esse horizonte de lado e avaliem apenas a qualidade formal. Toda avaliação é naturalmente imprecisa pela razão simples de que todo avaliador é impreciso. Ainda, precisão demais deturpa a realidade, não porque a formalização deva conter algum defeito, mas porque, sendo a realidade complexa, sua linearização, ao mesmo tempo que domina, também artificializa (Alaimo et al., 2009; Thaiss; Zavacki 2006). Vale acentuar que não se interpõem restrições ao intento formal de mensuração da realidade, não só porque se demonstraram extremamente úteis na história da ciência, mas sobretudo porque contribuem para a análise verticalizada e que é a que mais importa. O que se propõe é fazer isso com devido desconfiômetro.

Ao mesmo tempo, é útil considerar toda avaliação como proposta interpretativa do avaliador, que o avaliado pode contestar com devida argumentação. Pode, pois, ser mudada, assim como o avaliador tem o direito de esperar que, revendo a menção do avaliado, o trabalho também melhore. Todo texto mal feito deve poder ser refeito, a não ser em casos de estudantes relapsos. Afinal, a única finalidade da avaliação é garantir o progresso estudantil. Avaliação fica melhor quando feita de vários modos e instâncias, incluindo também autoavaliação. Avaliador fatal, final, indiscutível é aberração. Avaliação única e fatal, como é o caso dos testes padronizados, é algo sempre muito discutível, além de prepotente (Zinsser, 1988; Treglia, 2009; Weaver, 2006; Smith, 2008; Flower, 1979; Willingham, 2009; Zull, 2002; Colomb; Williams, 1985; Gopen; Swan, 1990; Beason, 2001; Hairston, 1981; Haswell, 1983; Shaughnessy, 1977). A polêmica entre nota e conceito não vale a pena, porque, ao fundo, são a mesma coisa: são modos de mensurar dinâmicas em suas expressões lineares apenas. A "vantagem" da nota é ser desabrida e perfeitamente linearizada, traçando limites estanques, enquanto conceito, por usar letras, não números, admite um toque vago típico. Conceito é mais "realista", mas deixa as coisas no ar. Nota mata na hora, sendo muito mais facilmente injusta. O importante é não perder-se nessas diatribes improdutivas e cuidar que o estudante aprenda bem, monitorado pelo olhar atento do professor.

12

EDUCAR PELA PESQUISA, AQUI E AGORA

A discussão anterior teve como pano de fundo intermitente e predominante o panorama norte-americano, onde desde muito elaboração é tema central da pedagogia escolar e universitária. Em parte, isso dependeu do apreço à leitura, considerada sempre parte integrante da aprendizagem. Entre nós, porém, ler muito e bem é esnobismo..., a começar pelos docentes que não são leitores assíduos (Demo, 2006a). Biblioteca é equipamento exigido na escola, mas é para inglês ver, como se diz. Com a invasão da apostila, temos ainda menos motivo para ler, porque tudo vem "lido" por outrem, que nos ensina a copiar. Acrescentando a isso a enxurrada digital, para que ler artefatos acadêmicos, em geral tão chatos e complicados? No entanto, onde leitura é exigência da aprendizagem cotidiana, com ela vem a escrita logo em seguida, passando a questão central da pedagogia. Antigamente, começava-se pelo "ditado", certamente uma pobre pedagogia aos olhos atuais, mas que tinha serventia de exercício de escrita. Hoje, nem isso fazemos, também porque, alfabetizando em até três anos, vamos dando tempo ao tempo até ficarmos sem tempo – depois de três anos, pouco mais da metade das crianças sabe língua portuguesa e pouco mais de 40% matemática. Assim, não pode estranhar que na população adulta apenas 26% sejam "plenamente alfabetizados".

Em grande parte, a questão-chave é professor, que, a rigor ainda não temos entre nós. Temos "auleiros", à vontade, e, por decorrência, cada vez mais aula, mas não aprendizagem. Não cabe culpar o professor, porque é vítima como os estudantes de um sistema de deformação acadêmica sistemática ou de sistemas ineptos de ensino, sem falar na profissão flagrantemente marginalizada socioeconomicamente. A equação, em si, parece simples: **para o estudante aprender bem, é preciso ter professor que aprende bem**. Não temos isso, desde o déficit de 20 anos de professores de ciência e matemática (Foreque et al., 2013), até nossas pedagogias que são, marcantemente, o pior curso universitário como regra. Licenciaturas seguem o mesmo espírito instrucionista, produzindo "auleiros" apenas. Mudar isso parece simples, mas implica revolução radical, com muito choro e ranger de dentes, pois acarreta, literalmente, jogar ao mar nossos sistemas de ensino completamente hipócritas e inúteis. A educação no Brasil precisa ser reinventada, refundada, redescoberta (Demo, 2012a). Tendo em vista que a peça-chave (nunca única) é a qualificação e valorização docente, tudo que se propõe supõe esta mudança radical que pode ser apressada, mas demanda seu tempo para ser bem encaminhada (Demo, 2011c). Suporia, por isso, revisar radicalmente a universidade por ser entidade abusivamente instrucionista, um balcão de aulas vagabundas, com as quais entupimos os alunos em geral para nada. Estes não conseguem tornar-se protagonistas da sociedade/economia do conhecimento, porque a entidade é pretérita.

"Educar pela pesquisa" ou "Pesquisar e Elaborar" indicam estilo de pedagogia autoral que, bebendo de todas as fontes úteis, mas sem com nenhuma se fundir ou em nenhuma se apagar, busca tornar o estudante protagonista de sua sociedade em termos formais e políticos. Une, então, dois objetivos eminentes. **Na parte formal**, capricha na competência de produzir conhecimento próprio, por ser a melhor fonte de oportunidades disponíveis hoje, utilizando-se do legado modernista também (embora criticamente), por ser método científico a tecnologia do espírito mais transformadora até hoje inventada. Não é necessário sucumbirmos ao positivismo (Demo, 2011e), embora seja o caso reconhecer sua força e êxito histórico sem precedentes, resultando no rosário deslumbrante das tecnologias mais recentes. Não é também necessário ignorarmos a face extremamente dúbia dessa empreitada, profundamente colonialista, etnocêntrica, competitiva destrutiva e que coloca o eurocentrismo no banco dos réus (Harding, 2011; Taylor; Cranton et al., 2012). Muitos autores deslindaram as entranhas políticas do conhecimento científico, em especial Foucault (1971), na tradição judaico-cristã, que vem desde o Gênesis (pecado do conhecimento), ou em reações mais recentes de movimentos feministas, ecológicos, alternativos (Taylor; Cranton et al., 2012). Mas isso não desfaz o argumento da força impressionante transformadora do conhecimento científico, que age como soda cáustica com respeito a outros tipos de conhecimento, varridos logo do mapa (Santos, 2009). Na escola e universidade, assim, o que realmente importa é construir a autoria discente com *sacaffolding* docente, para que se possa participar ativa, crítica e autocriticamente desta sociedade e economia. Repassar conteúdo é pretender fazer de comércio de ferro velho e dejetos a dinâmica central da economia!

148 Aprender como autor • Demo

Na parte política, trata-se de buscar modos mais efetivos de formação discente, à medida que produção própria de conhecimento, sendo da ordem da instrumentação, precisa comparecer como construção de oportunidades políticas da cidadania que sabe pensar. Conhecimento, assim, não se restringe à competitividade virulenta capitalista, mas abrange também a habilidade de protagonizar a defesa do bem comum da sociedade, usando a própria energia do conhecimento mais avançado. Cidadania que sabe pensar usa a autoridade do argumento, a fundamentação mais exigente e por isso aberta, a construção de consensos possíveis sempre revisáveis, a prioridade incisiva do bem-estar coletivo. Por isso, é preciso começar cedo, como quer o movimento dos professores de ciência, com quatro anos de idade, para que a criança aprenda logo a manejar sua sociedade naquilo que tem de mais marcante e decisivo, ou seja, a máquina estrondosa de produção de conhecimento científico. No início vão, naturalmente, preponderar objetivos pedagógicos (políticos) da cidadania da criança; à medida que aprende a fazer experimentação científica, já usando a seu modo e em sua idade o método, aprende sobretudo a construir olhar crítico autocrítico, apreciando e questionando o conhecimento. Em termos formativos, retomamos a maiêutica naquilo que teve de mais marcante, ou seja, a crítica *autocrítica*. É de inestimável valor pedagógico esta habilidade, porque combina a força científica com o cuidado da cidadania, para que tenhamos uma sociedade habitável, ecologicamente correta, economicamente saudável e politicamente igualitária.

Esta mudança implica desfazer por completo a didática vigente instrucionista, calcada na aula copiada para ser copiada e que, a rigor, não vale nada. Por isso, o grupo de professores de ciência analisou detida e rigorosamente a aula, para concluir que não serve mais como referência básica da aprendizagem (Linn; Eylon, 2011). **Aprende-se ciência fazendo ciência.** O que importa não é a criança que ouviu falar de ciência, decorou leis e regularidades científicas, memorizou apostilas, mas a criança que se sente dentro da máquina da ciência como protagonista central, até porque estamos imersos na sociedade do conhecimento (Amsden, 2009). A própria noção de ciência rebelde indica que sua força está na autocrítica, não apenas na crítica, por respeito igualmente à cautela de Freire e Foucault: o emancipado de hoje pode ser o opressor de amanhã; basta que chegue ao poder! A ciência, porém, quando bem feita e aberta, tem dentro de si energia epistemológica capaz de se autoquestionar, que é a chance que tem de continuar se autorrenovando. A apostila mata isso pela raiz, à medida que oferece uma ciência apaziguada, sem controvérsia, mas morta. É esta que temos na escola/universidade, onde exumamos todo dia o cadáver do conhecimento. Este procedimento não sinaliza nenhum futuro próprio, até porque não faz qualquer sentido querer ir para lá. Nossa vocação histórica não pode ser manter um quiosque de quinta categoria à beira do cemitério para comercializar restos mortais.

Algumas mudanças aparecem como mais prementes. Entre elas, destaca-se a **pedagogia da problematização**, que está no cerne do educar pela pesquisa, e que entende conteúdo curricular como sistematização de problemas a serem enfrentados pela via da pesquisa e elaboração. Primeiro, podemos aceitar propostas mais recentes de países que reduzem drasticamente a montanha de conteúdos curriculares (no Japão, quando se definem conteúdos de matemática escolar, fica-se com 10; entre nós costumam ser 40 ou 50, bem como nos Estados Unidos) (Darling-Hammond, 2010), para que, trabalhando número menor, possamos ser mais consequentes em seu tratamento; ou seja, cada conteúdo será devidamente pesquisado, desconstruído, reconstruído e elaborado, de maneira claramente autoral. Conteúdo é para ser transformado, não reverenciado como peça intocável, implicando dois horizontes entrelaçados: seu tratamento como conteúdo (necessário para qualquer profissionalização), e o desenvolvimento de habilidades de aprendizagem (pesquisar, elaborar, argumentar, saber pensar, pensamento crítico) (Wagner, 2008) que, ironicamente, são mais apreciadas que o próprio conteúdo em empresas típicas da economia do conhecimento. Aproveita-se do conhecimento, acima de tudo, sua energia autorrenovadora, porque profissionalizar-se hoje em dia acarreta saber renovar a profissão indefinidamente (Firestein, 2012).

Outra mudança fundamental é promover estilos de **avaliação processual**, voltados para avaliar o que o estudante produz, não o que memoriza. Implica refundar a escola que se torna lugar da produção do aluno, não da aula. Produzindo todo dia, o estudante oferece a melhor chance de avaliação, porque encaixada no próprio processo de aprendizagem e atrelada exclusivamente ao objetivo diagnóstico e preventivo. Serve apenas para cuidar que o aluno aprenda (Demo, 2004a). No início, isso assusta o professor, que terá montanhas de textos para avaliar. Com o tempo, descobre que a tarefa se acomoda, à medida que passa a cuidar do estudante que precisa de atenção, deixando os outros em seu ritmo. Aprende a ler com rapidez os textos, detendo-se apenas nos que carecem de ajuda. A vantagem maior é que acaba conhecendo cada estudante de modo intenso/íntimo, através de suas elaborações. A partir daí, estabelece melhor seu *scaffolding*, puxando cada estudante de maneira individualizada. Se for o caso, podem-se manter provas intermitentes, mas não são, a rigor, necessárias. Não se trata, então, de estilo reduzido, encolhido ou farsante de avaliação – um estilo de avaliação que não avalia ou faz de conta – mas de avaliação severa, diária, profunda, abundante.

Aula recua, então, para seu devido lugar apenas supletivo e intermitente. Pode ser usada para momentos específicos, nunca dominantes, para contribuir com a pesquisa e elaboração dos estudantes. Professor assume seu adequado lugar também, essencial como *scaffolding*, na posição de *coach*, orientando e avaliando, como parceiro do mesmo destino e dentro do mesmo espírito de pesquisa e elaboração docente e discente (Prensky, 2010). O bom uso das novas tecnologias (Demo, 2009) induz esta posição docente: elas não aprendem por nós, não substituem o professor, nem facilitam a vida; são relevantes se com elas aprendemos melhor; nisto são apenas instrumentação, ainda que não sejam mera instrumentação (são entre outras piruetas, literacia da sociedade/economia do conhecimento). Professor parceiro do estudante não corre qualquer risco de se prejudicar, porque as novas tecnologias só fizeram valorizar ainda mais. Vai desparecer o "auleiro" raso, aquele que copia conteúdo e repassa para o estudante, por uma razão definitiva: não agrega nada. Não precisamos implantar uma guerra contra a aula. Basta cuidar da aprendizagem assiduamente. Com isso, a aula recua naturalmente, porque não está no centro – nunca esteve – do processo de aprendizagem autoral.

13

EDUCAR PELA PESQUISA NA ESCOLA

Para início de conversa, toda mudança importante na escola passa pela qualificação e valorização do professor, ainda que professor sozinho "não faça verão". A aprendizagem do estudante está principalmente nas mãos do professor, o que significa perceber que sem resolver seu problema, não há outros problemas a resolver. Por exemplo, tomemos a proposta oficial de alfabetizar em até três anos: embora seja, a meu ver, capitulação inglória, o erro ainda mais grave da política educacional é imaginar que esta mudança possa ser efetivada com o "mesmo" professor. Chamo de capitulação porque a criança que precisa de três anos não existe; existe uma escola que não dá conta. Do ponto de vista da criança marginalizada, nada seria mais importante para ela do que alfabetizar-se no 1º ano, numa *arrancada* radical, para sair do atraso e poder acompanhar as outras crianças mais bem aquinhoadas. Levar três anos para alfabetizar-se implica consagrar a progressão automática, e sem resultado esperado, já que dados indicam que, após três anos, quando a criança já tem oito anos, pouco mais da metade sabe língua portuguesa e menos da metade sabe

154 Aprender como autor • Demo

matemática, ou seja, não valeu a pena. Certamente, cabe sempre discutir o que seria "alfabetizar" nesse caso, que não se confunde com a noção de alfabetização permanente (durante a vida toda precisamos continuar aprendendo), até porque os dados disponíveis são duramente sarcásticos (na população adulta, apenas 26% estariam plenamente alfabetizados), focando os primeiros passos da autoria alfabetizada, expressa em texto já com suficiente enredo e argumentação. Não se pensa em alfabetização "completa" (que sequer existe), mas suficiente para que o 1º ano não seja perdido, repetido de novo no 2º e no 3º, incorporando ostensiva "coisa pobre para o pobre" ou "pedagogia como efeito de poder" (Popkewitz, 2001). No 1º ano o estudante precisa construir sua alfabetização a ponto de poder ler e escrever já com alguma desenvoltura, fazendo de cada ano, ano novo. A teoria dos ciclos, longe de ser criatividade pedagógica, é capitulação que seus defensores não gostariam de ter para seus filhos: nossos filhos são alfabetizados já no pré-escolar, e mais ainda os filhos da elite. Não se conhece esta tramoia em países reconhecidamente avançados em desempenho escolar, a começar por Finlândia e Singapura (Darling-Hammond; Lieberman, 2012). No entanto, o equívoco ainda mais grosseiro é supor que, com o "mesmo" professor, se consiga em três anos, resolver a fatura. Vamos ter, após três anos o mesmo problema com o mesmo professor. Valeria dizer o mesmo da "Escola Integral", um arremedo da Escola de Tempo Integral (ETI) (versão Darcy Ribeiro) (Demo, 2011c): com o mesmo professor, teremos a mesma escola, sobretudo o mesmo Ideb. Por isso, quando se quer tentar uma ETI, primeira providência é refazer os docentes, com pelo menos um semestre de preparação, centrada em exercício de autoria sistemática, para que, eliminando aula, se introduzam *tempos de estudo* (dois pela manhã, dois pela tarde) com o mesmo professor durante o dia todo. Todo dia os estudantes produzem e são avaliados pelo que produzem. O charme da ETI não são as oito horas de permanência do estudante, mas o professor diferenciado que faz a diferença. Aí temos, então, a primeira condição (necessária, embora não suficiente isoladamente) para conseguir que os estudantes tenham reais chances de aprender. Estudante aprende bem com professor que aprende bem. Estudante autor só aparece com professor autor. Com professor autor a preocupação de alfabetizar em até três anos se esfarela como capitulação tola, sobretudo injusta.

Esta visão interpõe uma segunda, também radical. Não adianta querer mudar dentro do atual sistema de ensino, porque não vale nada. Os dados são tão sarcásticos que até mesmo aumentar aula tem redundado em queda do desempenho, como ocorreu em 1999 (série histórica do Saeb, agora Ideb): tivemos a maior queda de desempenho registrada, logo depois do aumento do ano escolar para duzentos dias de aula. Assim, mudança significa, impreterivelmente, sair desse sistema, a exemplo do que fez Singapura (Darling-Hammond; Lieberman, 2012), com seu lema oficial *"teach less, learn more"* (ensine menos, aprenda mais), sinalizando que é imprescindível optar por um sistema de aprendizagem. É a mesma mensagem da Finlândia, que tornou pesquisa baluarte pedagógico da formação docente e exige como nível mínimo de formação o mestrado. Assim, o estudante não comparece à escola para ter aula, mas para exercitar sua autoria na produção própria de conhecimento. Mas observe-se bem: a mudança mais decisiva não está no aluno; **está no professor**. A melhor maneira – e

156 Aprender como autor • Demo

mais rápida – de sair do atual sistema de ensino é mudar o professor, tornando-o autor de proposta própria, construtor de seu material didático, pesquisador profissional. Anteriormente, alinhavei duas propostas de cursos voltadas para isso: curso de seis dias e curso híbrido de AVAs. Esses cursos não remediam o mal da origem, ou seja, da pedagogia e da licenciatura, que estão entre os priores cursos universitários, mas sinalizam claramente outro modo de fazer formação permanente.

Uma terceira condição crucial é existir em cada escola um mínimo de infraestrutura voltada para a aprendizagem, em especial biblioteca atualizada, materiais didáticos fartos, além de infraestrutura eletrônica para adoção de AVAs adequados. Pedir que estudantes pesquisem implica que exista possibilidade de pesquisa, a começar por referências bibliográficas, para além da *web* (quando há acesso). Não se pode imaginar que material de pesquisa seja apenas revista velha trazida de casa, jornais encontrados por aí, sucatas de vários tipos, porque o direito do estudante de aprender bem não pode ser barrado por apelações dessa ordem. Junto com isso, a sala de aula precisa ser concebida como local de estudo e aula como tempo de estudo. A estruturação curricular, arcaica como sempre, prevê aulas de 45 minutos, um tempo curto demais para pesquisar, servindo apenas para vezos docentes instrucionistas. Seria importante que os professores redimensionassem isso radicalmente, por exemplo, transformando quatro aulas diárias em dois tempos de estudo, de preferência com vários professores juntos (interdisciplinares), trabalhando temas com devida profundidade, com tempo de leitura, pesquisa, discussão, análise e elaboração. Isso, de novo, exige outro professor que aceite o desafio de trabalhar com colegas no sentido de oferecer ao estudante problematizações pertinentes, sobre as quais vai pesquisar e elaborar. Precisa deixar de lado a obsessão por repasse de conteúdo, que procede na esfera apenas quantitativa do conteúdo repassado, sem mínima aprendizagem.

Faz parte dessa infraestrutura o "laboratório de informática" que nunca funciona porque o professor não usa para aprender. Precisamos antes resolver esse desafio, ou seja, a inclusão digital docente. Acima propus um curso híbrido de AVAs, longo e intenso, calcado na produção de textos multimodais, para abrir esta oportunidade aos professores que, então, podem exercitar modalidades de autoria digital nos estudantes. Para esta finalidade, novas tecnologias são hoje imprescindíveis, porque fazem parte das habilidades do século XXI. Não tem resultado em nada a distribuição açodada de equipamentos eletrônicos (computador, *tablet*, Twitter...), enquanto não se desvende claramente como podem ser úteis para aprender melhor.

Condição não menos decisiva é elucidar entre os docentes o que é, afinal, "pesquisar e elaborar". Este desafio está longe de esclarecido, em grande parte porque a grande maioria não tem noção de pesquisa acadêmica, simplesmente porque nunca se defrontou com isso em seus cursos preparatórios. Seria de todo relevante oferecer chance nesta área, não de maneira tradicional (tendo aula sobre isso), mas em ambiente de devida autoria. Embora seja sempre possível aprender pela prática, cumpre também melhorar a teorização, já que a vida docente entre nós é movida por instrucionismo devorador. A rigor, na escola só temos aula, da pior estirpe. É acinte condenar o estudante a ouvir isso, todos os dias, e esperar que assim vamos melhorar o

158 Aprender como autor • Demo

Ideb, alfabetizar em três anos, introduzir educação científica, exercitar novas tecnologias. A experiência finlandesa foi paradigmática nessa mudança: ao introduzir mestrado como nível mínimo da docência, instalou mais claramente o compromisso com a pesquisa, já que mestrado implica dissertação e que é, tipicamente, exercício profissional de pesquisa e elaboração. De novo, o grande desafio é professor. A adoção do educar pela pesquisa requer, como *conditio sine qua non*, que professor saiba pesquisar, com devida metodologia científica, manejo do método científico, noção de experimentação, estudo e prática de modelos mais e menos quantitativos ou qualitativos (sem dicotomias), e assim por diante. Nos tempos atuais, soa estranho que os professores não tenham sido formados em tais habilidades, porque são exigidas por qualquer ocupação mais burilada da economia do conhecimento (Wagner, 2008). Mas a verdade é que os cursos de formação pedagógica e licenciatura se esvaem em aulas perdidas para "aprender" a dar aula, em didáticas vetustas que se esfacelaram no tempo, em instrumentações para outras épocas que não voltam mais, em materiais didáticos instrucionistas (também digitais) etc. Enquanto isso não se dá minimamente, é preciso preparar o professor em serviço, através de cursos autorais, abrindo chances de toda sorte para que todos as tenham. Assim, condição maior do educar pela pesquisa é transformar o professor de "auleiro" para **pesquisador e elaborador**. Dentro desse cenário, vou trabalhar introdutoriamente duas ideias importantes da aprendizagem na escola básica: a pedagogia da problematização e a avaliação processual. Não são a solução de tudo, porque essa não existe, mas sinalizam arquiteturas curriculares alternativas que instigam aprendizagens autorais.

13.1 Pedagogia da problematização

Tomo pedagogia da problematização como referência básica para estruturações pedagógicas voltadas para educar pela pesquisa, nas quais se exercita intensamente aprendizagem autoral. Este termo se correlaciona com outros também em uso, para além do educar pela pesquisa (Demo, 1996), como pedagogia de projetos (Evans; Lerner, 2005; Krauss; Boss, 2013), pedagogia transformadora (Taylor; Cranton et al., 2012; Mezirow; Associates, 2000), pedagogia da autoria própria (*sic* – pleonasmo flagrante) (*self-authorship*) (Magolda, 1999; Magolda et al., 2010), pedagogias críticas (Darder et al., 2009; Demo, 2011f). O que menos pretendo aqui é consagrar algum modismo em educação; busco apenas salientar oportunidades de promoção de procedimentos autorais, condizentes com os desafios de aprendizagem preconizados nos tempos atuais (Wagner, 2008). Mui concretamente, a ideia é transformar conteúdos curriculares em problemas ditos genuínos (da vida real dos estudantes), para que possam ser enfrentados pela via da pesquisa e elaboração. Observação fundamental de partida é entender "problema" como dinâmica complexa, não linear, que, por isso mesmo, não admite solução final; antes, no decorrer da busca de solução, nos deparamos com novos problemas: não enfrentamos um problema complexo, sem encontrar ou criar outros. Não se coloca aqui, então, a expectativa de que para todo problema há uma solução certa, porque esta expectativa modernista e positivista não se sustenta mais. Como adverte Deacon (2012), sendo a "natureza incompleta", sendo seu analista humano também incompleto, podemos produzir apenas explicações incompletas, por mais bem formalizadas que sejam. Hoje temos

160 Aprender como autor • Demo

palco popularizado de problematizações que são *videogames sérios*: traduzem desafios muito complexos, naturalmente solúveis, se não ninguém compraria, de extrema exigência, dotados de intensa motivação intrínseca e que é a que realmente conta (Pink, 2009), sinalizando que bons problemas criam novos, sucessivamente, o que, aliás, combina com os jogadores: eles também são, ao final, problemas sem solução! Enfrentar bons problemas está, pois, menos vinculado a soluções, muito mentos a uma única solução correta, mas ao desafio de desbravá-los, exercitando habilidades cada vez mais buriladas e compensadoras.

Esta noção de problematização é a que se compatibiliza com a noção de conhecimento disruptivo e rebelde, autorrenovador, que não encontra porto seguro, mas perambula no universo sem parar. Quando apresentamos ao estudante tais problematizações, o que esperamos dele não é catar resposta pronta, talvez em algum lugar da *web* já pronta, mas que se meta em processos recorrentes de pesquisa, através dos quais possa montar respostas tentativas, aproximativas, sempre abertas e discutíveis. Esta é imagem viva da Wikipédia: seus textos são todos típicas problematizações, no sentido de que permanecem abertas a reedições sem fim. Não há como imaginar texto final, porque não há autor final. O que mais motiva o pesquisador não são os resultados, mas a excitação da busca. Chegar ao topo do Everest é menos motivador que a subida, tanto assim que, lá chegando, após um momento de intensa satisfação, vem um vazio. Que fazer agora? Subir de novo!... Os problemas mais atraentes e motivadores são os abertos, aqueles que se alimentam das achegas aproximativas, que trabalham desafios que ressurgem no seguinte passo ainda mais desafiadores. A ideia é transformar conteúdos curriculares em desafios dessa ordem, para que, motivando o estudante mais de dentro, intrinsecamente, se aventurem a pesquisar de peito aberto e produzam elaborações particularmente criativas, críticas e autocríticas.

Tratando-se de problemas complexos, dificilmente algum deles pode ser bem tratado no espaço limitado de uma aula. Assim, sugere-se, desde logo, que a organização curricular se faça de outra forma: transformando as aulas em **tempo de estudo**, dois por manhã, para que haja tempo maior de pesquisa e elaboração. Sugere-se ainda que se usem tempos ainda mais alongados, por exemplo, uma manhã inteira para dar conta de alguma problematização mais exigente, em especial de cunho interdisciplinar. Em muitos casos, pode-se organizar uma problematização de semana inteira, quando for o caso organizar vários horizontes combinados de pesquisa. Ainda, todo problema importante é interdisciplinar, o que recomenda ser abordado de vários lados disciplinares, agregando as forças de vários docentes ao mesmo tempo. Para ilustrar esta expectativa, monto aqui um exercício indicativo preliminar, tomando como conteúdo fundamental "água" (quadro abaixo):

a) o tema da água poderia ocupar uma semana inteira e todos os professores da escola; anotei seis referências disciplinares: física e química da água; matemática da água; história e geografia; economia e ecologia; língua portuguesa; biologia; significa a pretensão de organizar uma semana de estudo (pesquisa e elaboração), tendo água como conteúdo central; a ideia será que, girando em torno de "água", se possam tratar conteúdos curriculares importantes de modo interdisciplinar, incitando

162 Aprender como autor • Demo

exercícios autorais, ou seja, combinando tratamento de conteúdos curriculares com desenvolvimento de habilidades;

b) no caso de física e química, podem-se trabalhar conteúdos como líquidos, composição química da água, física da água; processos de depuração da água, filtragem, contaminação; água potável e não potável; eletrólise etc.;

c) no caso de matemática, podem-se estudar referências matemáticas e medidas da água, tamanhos de recipientes, vazões de água, litros e subdivisões; custos e preços de água no supermercado etc.;

d) no caso de geografia e história, podem-se pesquisar os rios da cidade ou região, sua importância histórica e geográfica, usos históricos da água, mananciais desaparecidos, regimes pluviométricos etc.;

e) no caso de economia e ecologia, podem-se estudar questões do mau uso da água, dos rios e mananciais, a água que se toma, o custo e mercantilização crescente da água, águas no supermercado, poluição das águas, atrações turísticas referentes à água (quedas d'água, rios piscosos) etc.;

f) no caso de língua portuguesa, podem-se estudar a produção literária em torno da água, poemas, relatos, crônicas; produção literária local em torno da água ou rios, quedas d'água; estórias locais da água etc.;

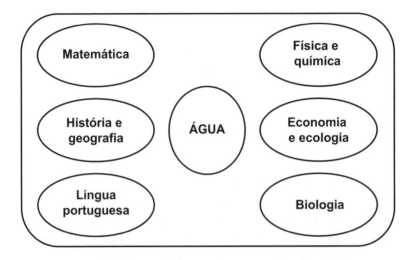

g) no caso da biologia, podem-se estudar significado da água para a vida, água no corpo humano, no planeta, condições biológicas da água na cidade, biodiversidade nas águas, riscos da falta de água, necessidade de filtrar a água para beber etc.

Papel dos professores é organizar a problematização e o processo produtivo dos estudantes, de tal sorte que todo dia se apresentem resultados elaborados de pesquisa que serão, no decorrer da semana, reelaborados em textos mais bem realizados. Pode-se organizar um dia para pesquisar fora da escola, por exemplo, uma visita de pesquisa à estação de tratamento da água, para se ter ideia do que estamos bebendo. Esta visita tem por finalidade colher dados e informações para logo se elaborar sobre eles. Precisa ser bem planejada, os alunos já devem definir antes o que querem observar, perguntar, vascular, para que o processo seja o mais produtivo possível. Fica bem colocar uma "hipótese de trabalho" como guarda-chuva de todo processo de pesquisa, por exemplo,

164 Aprender como autor • Demo

"até que ponto a cidade cuida da água como bem comum". Esta invectiva direciona a observar os abusos, desperdícios, poluição, destruição da água, colocando em risco um bem comum extremamente precioso. Esta hipótese poderia gerar, ao final, um manifesto da escola em favor do cuidado com a água, contendo ainda reivindicações que a pesquisa possa ter sugerido, como despoluir algum rio, melhorar a água potável, recuperar mananciais etc.

No meio de tudo isso, há que estudar uma série de conteúdos considerados relevantes pelos professores, passando por matemática, física, química, biologia, estudos sociais, língua portuguesa, economia e ecologia, evidentemente dentro de uma expectativa mais realista de conteúdos agregados. Já não faz sentido enfiar na cabeça do estudante uma montanha de conteúdos, não só porque não têm a relevância suposta, mas principalmente porque não vale a pena trocar, neste caso, quantidade por qualidade: é muito preferível abordar pouco e bem. A experiência tem mostrado que conteúdos trabalhados pela via da problematização, com pesquisa e elaboração, têm muito mais chance de serem aprendidos, não memorizados, porque, além de passarem pelo crivo crítico conceitual e teórico, são reconstruídos com mão própria, de modo autoral e com motivação intrínseca. Pode-se produzir conhecimento próprio, no nível de cada estudante, aprimorando a autoria progressivamente. Haverá espaço para estudo individual e coletivo, que precisa ser alternado sabiamente. Grupos mais criativos de professores podem armar jogos em torno dos conteúdos curriculares, de sorte a aumentar a motivação intrínseca. Mas isso não é o centro de atenção. O centro está na oportunidade de pesquisar e elaborar, induzindo os estudantes a tomarem iniciativa, produzirem textos próprios, discutirem questões polêmicas, usarem sempre a autoridade do argumento, buscarem consensos bem fundamentados e abertos, participando da alegria da descoberta que a pesquisa pode proporcionar.

Em particular, é crucial acentuar que tais problematizações se compatibilizam com noção dinâmica do conhecimento, com realce para sua capacidade de autorrenovação. Podem-se usar apostilas disponíveis, mas apenas como material de pesquisa, pois não podem ser mais que isso. Ao mesmo tempo, os textos tecidos são material aberto, que podem sempre ser complementados, e com isso se ajustam melhor ainda a perguntas com resposta variável aproximativa, nunca exclusivamente certa. Os estudantes são induzidos a ler, contraler, escrutinar documentos, sopesar dados, não a engoli-los como se faz nas aulas instrucionistas. Ou seja, temos oportunidade de solidificar a arte de estudar com afinco e profundidade, uma virtude que é exterminada no ambiente instrucionista. Sempre sobra um problema: os professores perguntam se esta armação pode ser aceita pela Secretaria de Educação, porque esta exige aula, impreterivelmente. Certamente, pode surgir conflito aí, mas a sugestão é que se faça o relatório que a Secretaria espera, mas na escola se cuide da aprendizagem do estudante, acima de tudo. O cenário vivido hoje é claro: cumprimos as formalidades oficiais, damos as aulas, aplicamos as provas, mas os estudantes não aprendem condignamente. De que vale, então?

13.2 Avaliação processual

Os sistemas avaliativos refletem naturalmente o que os professores acham que é aprender. No contexto do instrucionismo, aprender significa escutar aula e fazer prova, tudo perfeitamente memorizado, dentro do ritual inútil

166 Aprender como autor • Demo

do repasse de conteúdo. A avaliação vai tirar a limpo se o conteúdo foi devidamente engolido através da aula e devidamente regurgitado na prova. Há que se reconhecer que as metodologias da avaliação avançaram muito, por conta do desenvolvimento de áreas especializadas de mensuração e formulação de questões, tendo em vista a preferência positivista por questões fechadas ou de múltipla escolha. À sombra disso, surgiram os testes de alta aposta (*high-stakes testing*), chamados em geral de testes padronizados, aplicados periodicamente (como Ideb a cada dois anos), montados para responsabilizar a escola, professores e diretores, sacando daí consequências draconianas. Nos Estados Unidos este procedimento contribuiu para surgirem programas alternativos agressivos, como *charter school*, que prevê entregar escola pública à administração privada, para que esta possa sanar as mazelas atribuídas à gestão pública, contornar a pressão sindical, poder demitir e contratar professores e diretores, e assim por diante. Contribuiu também para extensos programas de *voucher*, que permitem aos pais escolher a escola privada de preferência, com os custos arcados pelo programa. Estudos recentes, porém, vêm mostrando que esta rota é malsucedida, porque a privatização da escola pública não garante melhor oferta (Lubienski; Lubienski, 2013; Ravitch, 2013). Há muita queixa contra tais avaliações padronizadas, porque em geral não medem aprendizagem de nível mais elevado (espírito crítico, capacidade de elaboração, autoria, qualidade da argumentação) (Arum; Roksa, 2011; Au, 2009), ficando apenas com o controle do repasse de conteúdo.

Avaliação processual não se opõe necessariamente aos testes padronizados, porque sempre é interessante ter várias óticas avaliativas disponíveis, sem falar que é possível melhorar relativamente os testes, com questões que exigem raciocínio, muito embora impliquem uma resposta certa. Busca-se acompanhar o estudante de perto, com o compromisso de garantir seu direito de aprender bem. Chama-se "processual" porque está aninhada no próprio processo de aprendizagem, realizando a intenção diagnóstica e preventiva, que é o toque mais elevado da avaliação bem feita. Tem como objetivo captar, até onde possível, a qualidade da aprendizagem, traduzida no aperfeiçoamento da elaboração de textos, na elegância do saber pensar, na autoridade do argumento, no pensamento crítico autocrítico e assim por diante. Considera-se que avaliar o que o aluno produz é a maneira mais apropriada de avaliação, ainda que, como toda avaliação, não seja completa ou perfeita. Na elaboração o estudante acaba se desvelando em profundidade condizente, à medida que mostra como lida com conceitos e teorias, como aprende a fundamentar sem se fechar, como lê e contralê, como brande a autoridade do argumento, como se vincula a validades relativas bem elaboradas, e, não por último, até que ponto domina conteúdo. Acompanhando a produção diária do estudante, o professor consegue saber detalhes de seu progresso, tanto com respeito a conteúdos, quanto com respeito ao burilamento de habilidades de aprendizagem, estudo, pesquisa, crítica etc. Por ser diária, permite confrontar o processo de escrita longitudinalmente, sabendo-se com detalhe até que ponto o progresso está ocorrendo, a que velocidade, se está no tempo certo e assim por diante.

Tudo isso parece bastante palatável, se é que queremos realmente que o estudante aprenda, mas implica enormes mudanças estruturais na escola, em especial no professor. Supõe, desde logo, que o professor pare de dar aula e vol-

168 Aprender como autor • Demo

te-se para organizar a produção discente: aula é para o aluno produzir, não copiar; ou seja, não faz sentido nenhuma aula instrucionista. Papel do professor será organizar diariamente a produção discente, através de problematizações inteligentes e motivadoras, apresentando-se como *coach* da turma, orientador e avaliador, não como preceptor ou capataz. Certamente, para termos um aluno autor, precisamos, antes, ter um professor autor, o que coloca enorme desafio ao professorado, que não está voltado para esta rota. Ao contrário, a escola não passa de um monte de aula diária, quase todas copiadas para serem copiadas, uma oferta perfeitamente inútil para enfrentar os desafios da sociedade/ economia do conhecimento. Isso precisa acabar. Escola carece virar entidade de produção de conhecimento para corresponder minimamente à sociedade à que serve. Esta guinada começa pelo professor, que precisa receber o devido apoio para tornar-se autor. Isso não se consegue com as atuais semanas pedagógicas, nem com cursos tradicionais, mesmo que sejam de pós-graduação *lato sensu*. Neste sentido, avaliação processual só pode funcionar com outro professor, claramente, alinhando-se esta expectativa ao desafio da problematização.

Está em pauta, então, *texto*. Como o termo indica, é algo "tecido", trançado, é uma tessitura, e disto logo segue que nunca é "qualquer coisa". É claramente uma *elaboração*, ou seja, um processo/produto que incorpora esforço reconstrutivo autoral. Esta consideração, tão fundamental, já se aplica aos primeiros textos do estudante, no pré-escolar e na alfabetização (em geral, desenhos). Quando se adota a atitude lassa de alfabetizar em até três anos, aceita-se naturalmente qualquer coisa e por três anos, com grave prejuízo para o estudante. Leve-se em conta que "texto" aplica-se a uma variedade de expressões elaboradas, como desenho, pintura, foto, animação, charge, música, dramatização etc., ainda que a academia tenha suas preferências pelo texto escrito. Todo fotógrafo reconhecido acha que sua foto – basta uma só – é um texto (ou mesmo um tratado), assim como todo pintor acha que sua tela é um tratado. Por isso também, seus autores não deixam interpretação escrita para orientar o espectador – colocam, no máximo, um título. Diz-se que uma imagem vale por mil palavras – pode bem ser, mas não para a academia, que ainda toma imagem como mera ilustração, não como argumento (Kress; Leeuwen, 2001; 2005; Kress, 2002).

O exemplo a seguir de foto sobre "traição" durante namoro indica para muitos um "tratado" sobre a matéria, também porque a montagem assim sugere; não pode ser aceita na academia como um TCC, porque falta o essencial, que é a construção analítica, ou seja, a transformação de dados em base interpretativa formalizada escrita.

Fonte: <http://4.bp.blogspot.com/-Qzf_7QkktKw/T3X0j_80dsI/AAA AAAAACuM/3C_ApwFmFD0/s1600/trai25c325a725c325a3o_thumb255b12255d1.jpg>.

170 Aprender como autor • Demo

O que mais incomoda a academia é que imagem é construção complexa não linear, admitindo interpretações variadas e mesmo contraditórias. Ficando no exemplo, seria possível alegar que não há traição, porque o rapaz está de mãos dados com sua irmã! Ou, poder-se-ia dizer que a cena é "forçada", só para se ter uma foto provocativa. O texto também é interpretação, mesmo o mais formalizado, porque não se pode eliminar o ponto de vista do observador, mas leva uma vantagem modernista fatal: é construto linear, de cima para baixo, da esquerda para a direita, pedaço por pedaço, página por página... Por isso, o método científico se acomoda melhor num texto escrito, porque este vem formalizado a jeito. A imagem tem seus charmes, naturalmente, a começar pela mensagem aparentemente cogente imediata. Não tem centro, pode ser dividida mesmo assim, pode ser formatada em tamanho, cor, tonalidade etc. É capaz de mil insinuações, nuances, indícios... Abriga, pois, riqueza insondável de interpretação, mas isto não é desejável para a academia. Dentro de seu compromisso metódico de formalização, o texto deve ser sóbrio, direto, definido, matemático. Mesmo para autores que acham esse rigorismo formalista uma farsa, porque nada é mais subjetivo do que a pretensa objetividade acadêmica, apostam num texto escrito muito mais que em imagens. No entanto, com a chegada dos textos multimodais, que mesclam escrita com áudio, vídeo, animação..., certamente veremos evoluções mais flexíveis também na academia, até porque temos já exemplo secular do cinema que, em suas expressões mais clássicas e reconhecidas, não se imagina mera ilustração. Ao contrário, são tratados literalmente, embora com outra linguagem e bem mais expressiva. Não é só isso. Levando-se em conta a tradição milenar das artes cênicas, o teatro, a dramatização, a performance sempre misturaram escrita (texto) com encenação, com enorme apreço do público, também da academia.

A criança precisa da liberdade de expressão, ainda que a preferência pelo texto escrito não possa ser relegada. Quando desenha, está se expressando, cuja interpretação será feita por um professor para tanto capacitado (dificilmente um professor sabe "ler" desenho infantil, uma falha grave de formação). Pode fazer teatro, tirar foto, montar vídeo no iPhone... Agora pode também mandar mensagem de texto, permutar fotos e textos, participar nas redes sociais... Para não se submeter em excesso à academia quadrada, é útil admitir textos mais soltos, com imagens fixas pelo menos, quando não com vídeo e áudio digitais. Na verdade, o que mais importa não é a aparência externa produzida, mas a elaboração, sendo esta a alma de todo texto: a mensagem construída e que espera a interpretação do leitor ou espectador. Embora seja sempre discutível o que é "texto" para uma criança, é importante que os professores saibam discutir a questão analiticamente, evitando extremos. Não é texto mensagem simples sem maior construção mental, como um bilhete da criança dizendo que ama a mamãe. Também não precisa ser um "tratado", impraticável para a mente infantil. Tomando-se alfabetização como "processo" (também interminável), é o caso exercitar o texto todo dia, para que tome formato mais elaborado progressivamente, em especial apareça algum enredo e seu desdobramento, com começo, meio e fim. Este desdobramento se faz pela via da argumentação, ou seja, de frases com fundamentação elaborada, o que se distingue de frases soltas, enchimento de linguiça, acumulação de palavras etc. Pode-se, então, dizer que uma frase não faz um texto; nem algumas, se não tiverem nexo elabora-

172 Aprender como autor • Demo

do. Formalmente falando, um texto mínimo tem introdução (de pelo menos uma frase), uma conclusão (de pelo menos uma frase) e um corpo de desenvolvimento com algumas frases. Este formato não pode virar uma catacumba para restos mortais, mas uma referência da elaboração minimamente necessária. É um risco dizer ao estudante que texto tem uma frase de introdução, outra de conclusão e três de desenvolvimento no corpo, porque ele pode tomar ao pé da letra. Tomemos o exemplo de uma poesia amplamente citada: *"Tudo vale a pena se alma não é pequena"* (de Fernando Pessoa, uma parte de uma quadra mais longa). Em geral, vemos aí profundidade poética incisiva, quase um tratado – o que vale a pena não está tanto na coisa, mas na alma de quem a vê... O poeta noviço tende a caprichar mais na rima, porque acha esta mais importante que a mensagem elaborada. Mas não haveria óbice em aceitar que os estudantes também exercitem poesia, texto solto, charges, manchetes, desde que sirvam de ensaios para textos mais elaborados, de preferência escritos. Uma introdução precisa ser menor que o corpo do texto, caso contrário será já um capítulo; o mesmo se diga da conclusão. Mas não faz sentido limitar o número de frases, até porque pode haver frase bem curta ("Amém!", por exemplo) e outra sem fim... O desenvolvimento do texto não pode ser fixado em três frases, porque a relevância significativa da elaboração não tem no número três qualquer referência fatal. O que se pode sugerir é que todo texto bem feito é sóbrio e suficiente: não fala demais, nem de menos. O enredo precisa de elaboração adequada, ou seja, de argumentação, aquela da autoridade do argumento, não do argumento de autoridade.

Como vimos com Bean (2011), ele mostra apreço pelo *ensaio*, um gênero acadêmico mais solto e que, por isso, não vale, em geral, como tese de doutorado. Esta precisa de formalização rígida, ser pesquisa *stricto sensu*, seguir as obediências impostas pelo orientador, citar a literatura mais relevante e de modo prescrito etc. A liberdade maior de expressão do ensaio pode ser motivação importante para o estudante, ainda que não possa servir para dizer qualquer coisa. Não dispensa argumentação bem arquitetada, porque tudo que se diz deve ter sua razão analítica. Vale, então, a regra: **pode-se dizer o que se queira, desde que com devido fundamento e civilizadamente.** Convencer sem vencer é ótima ideia, porque ressalta a habilidade de convencer pela via do argumento bem feito, cuja adesão não implica vassalagem. Usa-se a "força sem força do melhor argumento", como queria Habermas (1987; Demo, 2011b), ou seja, elegância da cooperação bem elaborada, como é caso notável na Wikipédia – todo texto se mantém por sua qualidade intrínseca, só. Na prática, a regra de ouro é simplesmente escrever todo dia: todos nos tornamos autores pela via do exercício constante e cuidadoso, um tirocínio que mata, com uma cajadada, vários coelhos: aprende-se gramática, até sem querer; trabalham-se conteúdos curriculares relevantes; desdobram-se habilidades de pensar, analisar, argumentar, que são virtudes para a vida toda; aprende-se o lado pertinente da retórica que é o estilo próprio. Ao final, queremos um estudante com texto próprio, tanto porque é componente essencial da formação acurada, quanto porque se exige hoje em qualquer ocupação mais distinta. Texto multimodal vai valendo cada vez mais e possivelmente será o texto do futuro.

Desde o início, mas sobretudo com o tempo, o texto precisa encaixar-se na noção de "pesquisa e elaboração", para admitir visivelmente feições formais e formativas, ao mes-

174 Aprender como autor • **Demo**

mo tempo. Desde cedo é importante que o estudante tenha oportunidade de se confrontar com exigências acadêmicas da construção textual, do método científico, da linguagem dos cientistas, do mundo da ciência. Como alegamos acima muitas vezes, o movimento dos professores de ciência (Linn; Eylon, 2011) defende começar educação cientifica no pré-escolar, combinando o intento formal (aprender a fazer ciência) com o político (aprender a usar ciência para o bem comum). Cabe ao professor decidir o que é o caso fazer com uma criança de quatro anos em termos de educação científica, nem demais, nem de menos. Certamente, não cabe fazer de conta, porque a criança não leva nada disso. Cabe já trabalhar ciência adequadamente, mas ao nível mental infantil. Cabe fomentar a feitura de "textos", cada vez mais bem elaborados. Seria muito importante que, chegando ao ensino médio, os estudantes fossem capazes de elaborar textos já bem desenvolvidos, argumentados, pesquisados e elaborados, mostrando estarem inseridos plenamente na sociedade/economia do conhecimento. Poderíamos, assim, reduzir ou eliminar a queixa comum na universidade de que os estudantes chegam completamente despreparados. É verdade. Mas esquecemos facilmente que a qualidade da aprendizagem no ensino médio depende sobremaneira da qualidade docente e esta é forjada (ou deformada) na universidade – ela colhe o que planta!

Temos hoje disponíveis outros palcos pertinentes e instigantes de elaboração, em especial no mundo digital. Todos podem montar seu *blog*, se quiserem e tiverem meios para tanto. Todos podem comentar *blogs*, todos podem participar da Wikipédia (ainda que, para participar, seja necessário inscrever-se e cumprir alguns requisitos), todos podem meter-se em redes sociais, para fazer "abobrinhas", ou para realizar algo útil, por exemplo, permutar textos adequados. Todos podem postar um vídeo pequeno no YouTube, todos podem "fazer" música digital... Olhando bem, poderíamos até mesmo falar de uma sociedade digitalmente autoral, não fosse a tentação avassaladora do plágio em penca. Mas esse abuso não tolhe o uso. Podemos armar textos coletivos na plataforma wiki, uma chance inestimável formativa, desde que levada a sério. Podemos ter uma revista eletrônica, oficialmente regulada (pelo Ibict) ou livre, onde podemos ensaiar textos mais exigentes, já de qualidade acadêmica apreciável. Ficou mais fácil a revisão por pares em plataformas eletrônicas, todos podem ler o que outros produzem e manifestar-se com colaborações importantes, por mais que isto sempre esteja exposto ao vandalismo (como na Wikipédia – Lih, 2009; O'Neil, 2009). Assim, tornar-se autor virou tarefa bem mais facilitada e mesmo comum. A escola ignora tudo isso, porque vive no mundo da lua, ou em tempos pretéritos (Rosen, 2010; Wagner, 2008).

Questão relevante é saber lidar com a **autoria estudantil** de maneira realista. Primeiro, como já anotado, autoria é sempre referência relativa, porque ninguém consegue ser original propriamente, porque não somos propriamente originais. Todo ser vem de outro ser, assim como todo texto vem de outro texto. A galera da *net* cunhou o temo *"remix"*,[1] para indicar precisamente a feitura de texto a partir de outro texto, uma espécie de remexido, que pode admitir formatos muitos distintos, desde um texto de qualidade da Wikipédia até outro apenas mexido ou mesmo plagiado. Os internautas estão preocupados com

---

[1] Veja exemplo de remix mais sofisticado ou acadêmico no meu *blog*: <www.pedrodemo.blogspot.com.br>.

176 Aprender como autor • Demo

outras dimensões da autoria, como sua apropriação privada pelo *copyright* ou direitos autorais, que os *hackers* sempre questionaram por considerarem a net patrimônio comum (Levy, 2010; Wark, 2004). É causa importante, sem dúvida, mas a escola precisa também lidar com as regras de etiqueta na internet (Rozakis, 2000; Kehoe, 1995), por mais que possa sempre arguir que plágio entre estudantes não devesse ser vituperado desabridamente (Blum, 2009; Posner, 2007). O plágio mais comprometedor não é o do estudante, mas a aula instrucionista!

Neste contexto, cabem duas observações. Primeiro, é importante mostrar ao estudante os limites da autoria, para evitar paranoias em torno da originalidade que sempre é muito relativa. Segundo, é o caso relevar o significado pedagógico da autoria, no sentido da construção da autonomia autoral como valor em si. Ter voz própria, texto próprio, mensagem individualizada, lugar ao sol, em companhia de outros autores, é uma glória da formação escolar. A autoria precisa, ainda, admitir formato coletivo, como ocorre na Wikipédia, tanto porque se reconhecer o valor pedagógico do trabalho em equipe, quanto porque temos agora plataformas digitais que facilitam muito esta empreitada (wiki, por exemplo). De certa forma, toda autoria é coletiva, porque se dá no contexto cultural comum, usam-se textos prévios, manejam-se significados gerados, mantidos e mudados no coletivo, transita-se na gramática de todos, e assim por diante. O acento excessivo na autoria individualizada exacerba propensões competitivas deseducativas. Ao mesmo tempo, trabalhar em grupo – como já anotamos acima – acarreta outros riscos, que o professor precisa saber evitar, como o aparecimento constante de aproveitadores.

Avaliação processual propõe-se, então, a avaliar textos resultantes da pesquisa e elaboração, postulando que é modo mais efetivo – embora não único, final, perfeito... – para se ter ideia mais realista da qualidade da aprendizagem, em especial quando isto é prática longitudinal (estendida no tempo, permitindo comparação constante com fases anteriores). Quando dizemos que avaliação processual avalia o que o estudante produz, nos referimos a este tipo de processo produtivo com resultados elaborados de cunho acadêmico. Como sempre é ajuizado avaliar de vários modos e lados, este tipo de avaliação não é panaceia; apenas pretende ser mais realista com respeito à qualidade da aprendizagem (Arum; Roksa, 2011).

14

EDUCAR PELA PESQUISA NA UNIVERSIDADE

Não vou apelar para o argumento de que pelo menos na universidade educar pela pesquisa deveria ser coisa normal e cotidiana, porque é farsa. Primeiro, porque pesquisa só começa, de verdade, na pós *stricto sensu* – a graduação mantém a mesma didática instrucionista. Segundo, porque educadores mais conscienciosos e preparados, a exemplo do movimento dos professores de ciência (Linn; Eylon, 2011), recomendam aprendizagem pela pesquisa e elaboração na educação básica (começando no pré-escolar). A crítica que sempre se pode fazer é contra a universidade: ela forma nossos formadores de maneira tão precária que, não possuindo texto próprio, não se torna viável conseguir texto próprio dos alunos. A falta de texto próprio, pois, não é mal próprio da escola; é mormente da universidade, que acolhe uma aberração tão comprometedora como dar aula sem autoria. O mínimo que se deveria poder dizer é que educar pela pesquisa é o óbvio ululante na pedagogia universitária. O exemplo do Pibic sinaliza isso com força, também porque é programa amplamente aclamado e com resultados palpáveis muito positivos, mas continua uma gota no oceano (Calazans, 1999). O fato, então, mais notório é que universidade, como norma genérica, se reduz à aula, muitas vezes instrucionista, em particular nas entidades privadas e ainda mais flagrantemente na oferta noturna. O argumento comum é que, chegando o estudante cansado à universidade, seu prejuízo poderia ser minorado através de ofertas compactas de aula à noite, cobrindo a maior extensão possível de conteúdo, sem falar que isso respeitaria sua condição quase sempre mais precária socioeconômica (não pode comprar livros, computador, não tem o dia para estudar, não pode pagar por entidade mais qualitativa e assim por diante).

Embora oferta noturna seja inevitável, porquanto grande parte dos candidatos só poderia estudar à noite, não se pode deixar de observá-la com devido cuidado. O argumento de que aula é a melhor saída, porque facilita a vida de quem não lê, estuda, pesquisa, elabora, encobre uma carrada de problemas e hipocrisias (Ariely, 2012): aula em si, mas principalmente aula instrucionista, não substitui nunca ler, estudar, pesquisar, elaborar, simplesmente porque, enquanto isso é parte essencial da aprendizagem, aula não é; facilita mesmo é a vida de entidades que vivem de repasse copiado, apostilas póstumas, conhecimento morto, venda barata de aula barata; deturpa fatalmente a dinâmica disruptiva e rebelde do conhecimento, restringindo o acesso do estudante aos restos mortais do conhecimento; promove um mercado de aula que pode chegar ao aluno mais pobre, em especial quando existe apoio público de bolsas, com a implicação de pagar mal aos docentes e reduzi-los a "horistas" (Hentschke et al., 2010; Washburn, 2005; Bok, 2003); acaba assumindo sarcasticamente a função social da política pública universitária, ao abrir acesso a estudantes mais pobres, embora com bolsas públicas; faculta acesso a um diploma para trabalhar no século passado. Mas não é o caso "culpar" a empresa privada, nem mesmo a lucrativa, porque é constitucional e acaba prestando serviços à comunidade (Menand, 2010; Kirp et al., 2004). Preocupa que, sendo parte da iniciativa privada, sempre descrita como inovadora, progressista, rompedora, promova uma proposta de acesso ao conhecimento tão atrasada e imbecilizante. Nos Estados Unidos temos a compensação notória de que as melhores universidades são privadas (sem fins lucrativos) (Hentschke et al., 2010), indicando seu compromisso de inovação permanente (Christensen; Eyring, 2011). A obra recente de Lubienski e Lubienski (2013) a respeito da vantagem da escola pública sobre a privada trouxe outros argumentos muito poderosos em favor da oferta pública: embora tenha tendência notória de ser coisa pobre para o pobre (como no Brasil) (Popkewitz, 2001), pode também ser oferta mais qualitativa, quando cuida melhor de seus professores, exige formação original mais acurada, cultiva currículos mais inspirados, adota proposições mais cívicas de formação.

Neste cenário, a oferta privada de aulas cumulativas à noite é um quebra-galho que, a rigor, não quebra nenhum galho. É quase uma fatalidade. O argumento maior é que universidade faz sentido quando é de pesquisa, não de ensino; universidade de ensino, a rigor, não é necessária porque não oferece oportunidade importante para a necessidade de desenvolvimento do país e da sociedade. Acalma a ânsia por diploma, a mobilidade social esperada num mercado atrasado, a distinção (Bourdieu, 1984) numa sociedade onde apenas 26% são plenamente alfabetizados. Assim, cumpriria argumentar que o tempo gasto em aula seria muito mais bem aproveitado com pesquisa e elaboração. À grita imediata de que não haveria tempo para repassar conteúdo, responde-se com a tendência universal (Darling-Hammond, 2010) de reduzir a carga curricular em favor de tratamentos aprofundados e autorais. A montanha curricular repassada não soma nada, enquanto a parte menor trabalhada por pesquisa e elaboração se traduz em ganho formativo tanto no conteúdo, quanto nas habilidades. Leve-se em conta que profissional do século XXI é quem sabe renovar, todo dia, sua profissão. Esta virtude nada tem a ver com aula. Mais bem, é seu avesso. O desafio maior, porém, não é o estudante e seu proverbial cansaço após um dia de trabalho, mas a qualificação docente e sua devida valorização socioeconômica. Para que o estudante possa, com devido proveito, pesquisar e elaborar, precisamos de professores pesquisadores e elaboradores, o que não é regra, mesmo que todos tenham, pela via do mestrado ou doutorado, feito algum texto avaliado por banca. Precisamos ainda de infraestrutura acadêmica imprescindível para que se possa pesquisar na biblioteca e no mundo virtual, bem como de arquitetura física que sinalize tempo de estudo, trabalho, leitura, pesquisa, elaboração, não um monte de sala de aula, onde o aluno encontra uma cadeira para sentar e um papagaio para falar.

Mas não castiguemos apenas a oferta privada, pois a pública tem o mesmo espírito instrucionista, também nas federais e outras (estaduais) de nível mais elevado. Aí também acumulamos professores em excesso, só porque se imagina dever oferecer aula de qualquer conteúdo arrolado na profissionalização. Qualquer curso pode ser feito com até dez professores, com graduação e pós-graduação *stricto sensu*, desde que não se baseie em aulas, mas na produção discente devidamente orientada e avaliada, espelhando-se na produção docente. Hoje a vida acadêmica está exageradamente burocratizada, amarrada a um "produtivismo" mimético importado dos Estados Unidos que aperta na direção da quantidade (Fitzpatrick, 2011), não da qualidade, além de provocar, como sempre, fraudes inventivas (Nichols; Berliner, 2007; Au, 2009), centrada em aula sem estar condicionada à autoria e cada vez menos importante para o futuro do país. Não sendo entidade da sociedade/economia do conhecimento, não tem como preparar seus candidatos adequadamente; ao contrário, como diz ironicamente Toffler (Alvin Toffler, 2009), prepara para trás (Wagner, 2008). O professorado e a instituição se sobrecarregaram de vícios da sinecura (Coelho, 1988), da "exclusividade" e estabilidade da ocupação, da greve curricular, do instrucionismo sem desconfiômetro, da aula sem autoria. Algumas dessas expressões poderiam/deveriam ser defendidas, como a estabilidade para salvaguardar a liberdade de expressão profissional, mas não como anteparo para o cultivo sistemático da mediocridade da instituição e da profissão. Assim, nenhum dos modelos vigentes aponta para o futuro, porque são encalhes do século passado.

Com respeito ao desafio de educar pela pesquisa, aponto quatro referências mais incisivas para fazer da universidade ponta de lança desta sociedade e economia.

14.1 Formação docente

Como sempre, o desafio mais crucial é a qualificação e valorização docente, ainda que tenhamos avançado significativamente neste campo (ao contrário da preparação docente na educação básica). A titulação melhorou expres-

184 Aprender como autor • Demo

sivamente, mas seu crescimento tomou o rumo da quantidade, não da qualidade. Sem falar que as pós-graduações recuaram em qualidade (sempre que queremos "massificar" a oferta, nivelamos por baixo), em especial a pedagogia universitária não se aprimorou em nada. O curso de pedagogia continua um dos piores como regra, as licenciaturas são velharias pretéritas e a aula instrucionista é a norma geral. Crê-se que, tendo a titulação prevista, pode-se "dar aula", em geral "qualquer aula". Há um monte de equívocos nesta expectativa: a função docente não é "dar aula", mas cuidar que o estudante aprenda (Demo, 2004a), desafio para o qual "dar aula" não tem qualquer relevância (Linn; Eylon, 2011); segundo, se pelo menos "dar aula" exigisse correspondente autoria, teríamos uma oferta diferenciada – mas não é o caso, porque se resume a repassar conteúdos exumados; terceiro, o título não confere competência pedagógica – cuidar da aprendizagem estudantil exige competências específicas que quase sempre são ignoradas pelo titulados; quarto, os titulados se fiam em apostilas, manuais, livros-texto que facilitam o repasse de conteúdo, mas são repositórios de ferro velho ou da ossada do conhecimento; voltando à aula instrucionista, o titulado trai sua causa construída em sua tese ou dissertação, quando aprendeu pesquisando e elaborando, não escutando aula; esta é uma das razões mais fortes para alguns alegarem que universidade não passa de um segundo grau mais rebuscado e esticado.

Assim, desafio da hora é aprimorar as condições de autoria docente (não de *produtivismo*), no sentido de que aprende pesquisando e elaborando e envolve o estudante neste mesmo processo, a exemplo do Pibic. Este programa é sinalização notável, ainda que seja oferta muito parcimoniosa e elitista, contendo ainda lapso incômodo, ou seja, de que o estudante somente pesquisa se tiver bolsa e um programa *ad hoc*, não como normalidade da aprendizagem. Para aprimorar a autoria docente, urge montar propostas que levem a isso, sem incidir no *produtivismo* do CNPq e CAPES, mas tornando pesquisa e elaboração o chão normal de cada dia na universidade para todos os professores. Primeiro, universidade que interessa ao futuro do país é a de pesquisa, encontrando aí a chance de postar-se à frente dos tempos. Segundo, professor que interessa ao futuro do país é o professor com texto próprio, conhecimento próprio, pesquisa própria, expressando a energia rebelde do conhecimento autorrenovador. Mudança essencial na vida docente é pesquisar e elaborar como condição cotidiana, não apenas quando se consegue financiamento para projeto de pesquisa, que nem sempre é o caso ou é possível. Para tanto, há que discutir melhor o que significa pesquisa, desde processos produtivos *à la remix*, até originalidades mais incisivas. É artificialismo comprometedor postular que somente pesquisamos como atividade especial, fora do normal, adrede financiada. Pesquisa e elaboração são oxigênio da vida acadêmica.

Hoje podemos buscar apoios relevantes no mundo virtual, onde se tornou possível elaborar e publicar digitalmente, comentar textos alheios, participar de enciclopédias, compartilhar produções coletivas em redes sociais, organizar a produção em plataformas que a gerem elegantemente (*moodle*, por exemplo). Por isso, não creio que seja o caso propor "cursos" específicos para docentes cultivarem sua autoria, mas oferecer oportunidades mais visíveis e organizadas de produzir, publicar, expor, defender em fóruns variados, estabelecendo-se ainda que a participação

186 Aprender como autor • Demo

em seminários externos fica condicionada a apresentar texto próprio. Isso pode acomodar-se a expectativas "produtivistas" oficializadas, mas não é seu sentido, nunca. Papel docente será de orientação e avaliação (*coach*), não de preceptor ou capataz. Aula pode sempre existir, mas é procedimento supletivo, intermitente, ocasional. Regra de ouro em cada curso é que alguém se tornar engenheiro fazendo engenharia...

14.2 Ano propedêutico

Como os estudantes chegam à faculdade "despreparados" – assim reza a cantilena triste – seria de bom aviso usar o primeiro ano como **propedêutica**: trata-se de desenvolver as habilidades básicas de que vamos precisar para depois construir, desconstruir e reconstruir conteúdos, de sorte que não fosse mais possível alegar que não se sabe pesquisar e elaborar. Entre elas, sobressaem:

a) estudo do método científico, sob olhar crítico autocrítico, da experimentação, linguagem científica, incluindo ainda metodologia científica e epistemologia (conhecimento crítico autocrítico); serve para entender o que é conhecimento científico, como se produz, métodos para isso, polêmicas em torno disso, expertises necessárias;

b) preparação acurada para produção, uso e análise de dados, com base estatística adequada, métodos qualiquantitativos de pesquisa, qualificação da base de dados, vínculo entre dados e teoria, técnicas de pesquisa de toda sorte;

c) ética e política do conhecimento – saber apreciar e questionar conhecimento científico, analisar traços básicos da sociedade e economia do conhecimento, escrutinar vícios e virtudes eurocêntricos, estudar lastros históricos colonizadores, etnocêntricos, patriarcais do conhecimento, e significado crucial do conhecimento científico para as oportunidades de vida e trabalho, no contexto de uma sociedade igualitária e democrática;

d) literacia digital – uso da *web* como referência de pesquisa e elaboração (geração de conteúdo próprio, à la *web 2.0*), cultivo do texto multimodal (com imagem, som, animação na condição de argumento, não de mera ilustração), ambientes virtuais de aprendizagem (AVAs), oportunidades de pesquisa na *web*, manejo crítico e criativo da informação disponível etc.;

e) habilidades básicas da aprendizagem autoral: saber ler, estudar, pesquisar, elaborar, argumentar, pensar crítica e autocriticamente, trazendo o estudante para a posição de protagonista central de sua própria aprendizagem; estabelecer a diferença fatal entre conhecimento morto, aquele da apostila e da aula, e o conhecimento vivo, aquele da ciência como prática intersubjetiva complexa e não linear em infindável autorrenovação (Grinnell, 2009; Duderstadt, 2003); acrescente-se a isso produção colaborativa de conhecimento.

Este ano propedêutico não deveria ter aula, para ser recado decisivo. Seria ano de estudo, leitura, discussão,

188 Aprender como autor • Demo

desconstrução do instrucionismo, abate de mitos conteudistas, engavetamento de apostilas, livros textos e outros esquifes. Havendo êxito, os estudantes entram em outra onda, assumindo responsabilidade primeira por sua própria aprendizagem, deixando para trás a expectativa passiva de receber conteúdo pronto. Muitas vezes, os estudantes, viciados em aula copiada, resistem a mudanças, que os levariam a ter de pesquisar e elaborar, implicando nível muito mais elevado de esforço e responsabilidade. Por isso, é tão importante começar bem.

14.3 Problematização

Conteúdos curriculares serão entendidos como problemas pertinentes à profissionalização em pauta, reduzidos a um montante bem menor do que o usual inflado, e tratado como projetos de pesquisa e elaboração. Para cada semestre o professor prevê o número de problemas que serão abordados, variando achegas individuais e coletivas, sempre com devidas elaborações. Os tratamentos variam de disciplina a disciplina, podendo-se pensar também em ocasiões interdisciplinares, quando conteúdos são pesquisados e elaborados em grupo de disciplinas diferentes, como professores diferentes. Pode ser experiência muito formativa, além de realista. Os conteúdos podem ser tratados dentro de um projeto maior de pesquisa do professor, ou de projeto curricular específico, sempre com o objetivo de reconstrução autoral. Agregue-se a isso a teorização das práticas, através das quais estágios, práticas, tarefas, espaços profissionais são pesquisados, analisados, desconstruídos e reconstruídos.

Mudança importante é desfazer a expectativa instrucionista de que deve haver aula de todo conteúdo profissional, não só porque isso multiplica em vão docentes repassadores de conteúdo, como sobretudo porque destrói o princípio pedagógico da autoria do estudante: ele precisa, impreterivelmente, responsabilizar-se por sua construção profissional, principalmente pela capacidade de renovar pela vida afora sua profissão. Cabe ao docente orientar e avaliar a pesquisa e elaboração discente, não pela via do repasse de conteúdo, mas da posição de mediador pedagógico (zona do desenvolvimento profissional, ou *scaffolding, coach*), cuidando que o estudante aprenda bem e monte seu nicho profissional. Orientação e avaliação são habilidades genéricas aplicáveis a esforços discentes variados dentro do curso, não implicando, de modo algum, que exista um especialista disciplinar para cada nicho possível no espaço profissional. Cada estudante elabora alguns trabalhos por semestre, apresenta-os em público, divulga na internet se for o caso, discute com colegas e mestres, acumulando, com isso, passos importantes no processo de profissionalização. Eis a regra: alguém se torna médico **fazendo** medicina, teorizando e praticando. Cabe ao professor orientador e avaliador acompanhar a trajetória de cada estudante para saber o que lhe falta em termos de conteúdo e habilidades, tarefa muito facilitada pela história da produção autoral. Todo curso precisa concluir com demonstração conjugada de teorização e prática, razão pela qual não basta um TCC. É imprescindível ainda a demonstração profissional prática, atestada por alguma realização monitorada, visível e convincente.

14.4 Avaliação processual

O estudante é avaliado pelo que pesquisa e elabora, dispensando-se por completo qualquer "prova" ou coisa pare-

190 Aprender como autor • Demo

cida. Se produz textos a cada semestre sistematicamente, com devido acompanhamento registrado, com pré-textos cumulativos, pode-se saber em detalhe a natureza de seu progresso, deficiências, impasses e necessárias estratégias para garantir o direito do estudante de aprender bem. Dentro do contexto atual de nossa universidade instrucionista, "auleira", a guinada em favor de pesquisar e elaborar é tarefa dura, porque enfrenta dois buracos históricos: no professor que só dá aula (por conseguinte, não sabe aprender); no estudante que só quer aula (por conseguinte, não sabe aprender). Os estudantes não chegam do ensino médio traquejados em pesquisa e elaboração. Muito ao contrário. Por isso, muitas vezes precisamos começar do começo, o que exige monitoramento muito mais exaustivo e cansativo, buscando engrenar nesta rota autoral.

A experiência tem mostrado (Demo, 2011c) que, mesmo sendo todo começo árduo, pesquisar e elaborar não são coisas do outro mundo, como não é do outro mundo aprender bem. Em grande parte nossas instituições escolares e universitárias sabotam esta oportunidade. Naturalmente que expertise mais elevada, de grande sofisticação acadêmica, fica mais para frente, a não ser em estudantes excepcionais que podem superar o mestre; enquanto isso, podemos praticar pesquisa dentro das possibilidades do ambiente, sem nivelar por baixo. Cada elaboração precisa mostrar algum avanço. Em todas as experiências autorais (curso de seis dias ou curso híbrido de AVAs) é comum ouvirmos dos cursistas que, olhando para trás, sentem-se envergonhados dos primeiros textos – em pouco tempo, fizeram progresso memorável. Ou seja, o que mais falta é o exercício sistemático de autoria. Como sugere a pesquisa de Bain (2004) sobre o que os melhores professores fazem (pergunta feita a ex-alunos), sempre se registra a recordação agradecida da orientação dedicada e exigente, do exemplo de pesquisa e elaboração, da construção da autonomia e autoria, não da aula.

Conclusão

O divórcio entre escola/universidade e sociedade/economia do conhecimento é dramático, porque, enquanto as entidades educacionais se mantêm como sistemas de ensino, os novos tempos exigem **sistemas de aprendizagem**. Na prática, o acento em esquemas instrucionistas escolares e universitários decorre, na sua maior parte, do atrelamento ao mercado capitalista das instâncias educacionais: a uma economia reprodutiva corresponde uma educação reprodutiva, como sempre quis a velha tese da reprodução em educação (Bourdieu; Passeron, 1975; Demo, 2004). Reproduzia igualmente as estruturas hierárquicas da sociedade, quando para interpretar textos era preciso permissão, até explodir a Reforma que, entre outras coisas, reivindicou liberdade de expressão, por ser esta razão divina. Liberdade de expressão foi uma das primeiras exigências do modernismo científico, em nome da autoridade do argumento, contra o argumento de autoridade, porque só podemos aprender bem quando somos autores de nossa aprendizagem. Esquecemos isso no tempo, em parte porque o conhecimento científico, tornando-se modo hegemônico de conhecer, substituiu a religião e voltou para outra sacristia (diferente da original, porque esta tem sua razão na fé, enquanto a outra é espúria), atrelou-se ao espírito privatista do mercado liberal (confundindo liberdade de expressão com liberdade individualista), ficou serva da competitivi-

192 Aprender como autor • **Demo**

dade. Nesta sombra longa e lânguida, a aula apareceu como ícone docente, erigindo duas impropriedades mais gritantes: voltar ao argumento de autoridade, traindo a causa da ciência autoral independente, e repassar conteúdo, ao invés de reinventá-lo. Arranjamos um capataz intermediário pouco útil, muitas vezes impostor, cuja importância é amplamente inventada e suga audiência dócil. No fundo é resquício do pregador, que tem na aula sua prédica, na cópia seu bordão, no autoritarismo sua manha. Resulta em ciência modernista substituta da religião, uma religião vagabunda porque renascida da hipocrisia redundante: enquanto prega o método científico objetivo e neutro, faz dele a interferência mais tacanhamente subjetivista. Não quer captar a realidade, porque a ensaca num molde que passa a ser a medida da realidade. Vale o que aí cabe. O resto sequer existe. Religiões, no mau sentido, são assim: negam o que não querem ver, porque só veem o que querem. A rigor, método científico positivista faz precisamente isso: só vê o que lhe convém.

Em especial a "economia do conhecimento", monitorada pelo trabalho cognitivo e imaterial, precisa da universidade/escola não só para que se formem os trabalhadores do conhecimento crítico autocrítico, mas principalmente para que indiquem e superem as farsas dessa sociedade que, embora em outro estágio produtivo, mantêm o mesmo "espírito" espoliador da mais-valia (Boltanski; Chiapello, 2005). Educação sempre acaba atrelada ao mercado, porque é premente nas pessoas a preocupação em empregar-se e ganhar bem. Mas é uma desonra atrelar-se ao mercado atrasado, girando a roda da história – se possível fosse – para trás. É fundamental desvendar a expectativa crítica que o mercado impõe como armação hipócrita em parte, porque a crítica não pode criticar o sistema. Falta autocrítica, flagrantemente. Formação adequada implica esta autocrítica como coerência da crítica. Postando-se à frente dos tempos, não cabe sucumbir aos tempos, mas orientá-los. Transmitir conteúdo é restolho inaproveitável.

Teimosia e arrogância impedem que as instituições educacionais se transformem, embora se propalem como a maneira mais adequada, inteligente e humana de transformação (Taylor; Cranton et al., 2012). Não se transformam porque internalizaram, como nas religiões decadentes, que são donas da verdade, possuem a chave da salvação e podem condenar os infiéis. Os tempos mudam, todos sabem. Mas as instituições educacionais, bravateando que são donas dos tempos, dão de ombro, achando que, mais cedo ou mais tarde, os tempos irão se curvar à sua sabedoria infinita. Ridículo. Serão tragadas pelos tempos. Como serão tragadas pelas novas tecnologias, pois se impõem com elas ou sem elas. Melhor seria arrumar-se numa parceria crítica e autocrítica, para gáudio recíproco, buscando sempre oportunidades autorais. Na prática, escolarizam-se as novas tecnologias, como se só servissem como servas do atraso ou enfeite das sepulturas, tendo como resultado quase que inevitável adornar a aula que fica mais bonita e mais inútil.

Aprender bem não é enigma, nem castigo.

REFERÊNCIAS

ABBOTT, M. M.; BARTELT, P. W.; FISHMAN, S. M.; HONDA, C. Interchange: a conversation among the disciplines. In: HERRINGTON, A.; MORAN, C. (Ed.). *Writing, teaching, and learning in the disciplines*. New York: Modern Language Association, 1992.

ABERCOMBIE, M. L. J. *The anatomy of judgment*: concerning the processes of perception, communication, and reasoning. London: Hutchinson, 1960.

ADLER, M. *The Paideia program*: an educational syllabus. New York: Macmillan, 1984.

ALAIMO, P. J.; BEAN, J. C.; LANGENHAN, J.; NICHOLS, L. *Eliminating lab reports*: a rhetorical approach for teaching the scientific paper in sophomore organic chemistry. WAC Journal 20, 17-32. 2009.

ALEXANDER, P. A. *The development of expertise*: the journey from application to proficiency. Educational Researcher 32(8), 10-14. 2003.

ALVIN TOFFLER ON EDUCATION. Disponível em: <http://www.youtube.com/watch?v=04AhBnLk1-s&feature=player_embedded> Acesso em: 2009.

196 Aprender como autor • Demo

AMSDEN, A. H. *A ascensão do "resto"*: os desafios ao Ocidente de economias com industrialização tardia. São Paulo: Unesp, 2009.

ANANTHASWAMY, A. *The edge of physics*: A journey to earth's extremes to unlock the secrets of the universe. New York: Houghton Mifflin Harcourt, 2010.

ANDERSON, P.; ANSON, C.; GONYEA, B.; PAINE, C. Using results from the Consortium for the Study of Writing in College. Webinar handout. National Survey of Student Engagement. Disponível em: <http://nsse.iub.edu/webinars/TuesdaysWithNSSE/2009_09_22_UsingResultsCSWC/Webinar%Handoiut%20 from%20WPA%202009.pdf> Acesso em: 2009.

ANDRIESSEN, J.; BAKER, M.; SUTHERS, D. (Ed.). *Arguing to learn*: confronting cognitions in computer-supported collaborative learning environments. London: Kluwer Academic Publishers, 2010b.

ANDRIESSEN, J.; BAKER, M.; SUTHERS, D. Argumentation, computer support, and the educational context of confronting cognitions. In: ANDRIESSEN, J.; BAKER, M.; SUTHERS, D. (Ed.). *Arguing to learn*: Confronting cognitions in computer-supported collaborative learning environments. London: Kluwer Academic Publishers, 2010a. p. 1-25.

ANGELO, T. A.; CROSS, K. P. *Classroom assessment techniques*: a handbook for college teachers. San Francisco: Jossey-Bass, 1993.

ANTUNES, R. *Adeus ao trabalho?* ensaio sobre as metamorfoses e a centralidade do mundo do trabalho. São Paulo: Cortez, 1995.

ARIELY, D. *The honest truth about dishonesty*: how we lie to everyone: especially ourselves. New York: Amazon, 2012.

ARTHUR, W. B. *The nature of technology*. New York: ePenguin, 2009.

ARUM, R.; ROKSA, J. *Academically adrift*: limited learning on college campuses. Chicago: The University of Chicago Press, 2011.

Referências **197**

AU, W. *Unequal by design*: high-stakes testing and the standardization of inequality. London: Routledge, 2009.

AULETTA, K. *Googled*: the end of the world as we know it. New York: Penguin, 2010.

AUSTIN, J. L. *Quando dizer é fazer*: palavras e ação. Porto Alegre: Artes Médicas, 1990.

BAIKIE, K.; WILHELM, K. Emotional and physical benefits of expressive writing. *Advances in Psychiatric Treatment*, 11, 338-346. Disponível em: <http://apt.rcpsych.org> Acesso em: 2005.

BAIN, A.; WESTON, M. E. *The learning edge*: what technology can do to educate all children. New York: Teachers College, 2012.

BAIN, K. *What the best college teachers do*. Cambridge: Harvard University Press, 2004.

BAPTISTE. S. *Problem-based learning*: a self-directed journey. New York: Slack. 2003.

BARBER, M.; DARLING-HAMMOND L.; ELMORE, R.; JANSEN, J. *Change wars*. Bloomington: Solution Tree, 2008.

BARKLEY, E. F.; CROSS, K. P.; MAJOR, C. H. *Collaborative learning techniques*: a handbook for college faculty. San Francisco: Jossey-Bass, 2005.

BARNES, L. B.; CHRISTENSEN, C. R.; HANSEN, A. M. L. *Teaching and the case method*: text, cases, and readings. Boston: Harvard Business School Press, 1994.

BARON, N. *Always on*: language in an online and mobile world. New York: Oxford University Press, 2010.

BARONE, L. M. C. *De ler o desejo ao desejo de ler*. Petrópolis: Vozes. 1994.

BARRETO, C. B. G. et al. *Leitura e escrita*: um novo enfoque na prática escolar. São Paulo: Secretaria de Educação, 1988.

BARRY, L. *The busy prof's travel guide to writing across the curriculum*. La Grande: Eastern Oregon State College, 1989.

BARTHES, R. *The death of the author*. New York: Hill, 1977.

BARTHOLOMAE, D. The study of error. *College Composition and Communication*, 31(3), 253-269. 1980.

_____. Inventing the university. In: ROSE, M. (Ed.). *When a writer can't write*: studies in writer's block and other composting process problems. New York: Guilford Press, 1985.

BATEMAN, W. L. *Open to question*: the art of teaching and learning by inquiry. San Francisco: Jossey-Bass, 1990.

BATES, A. W.; POOLE, G. *Effective teaching with technology in higher education*: foundations for success. San Francisco: Jossey-Bass, 2003.

BAWARSHI, A. *Genre*: the invention of the writer. Logan: Utah State University Press, 2003.

BAZERMAN, C. What written knowledge does: three examples of academic discourse. *Philosophy of the Social Sciences* 11:361-387. 1981.

_____. Codifying the social scientific style: the APA publication manual as a behaviorist rhetoric. In: NELSON, J.; MEGILL, A.; McCLOSKEY, D. (Ed.). *The rhetoric of the human sciences*: language and argument in scholarship and public affairs. Madison: University of Wisconsin Press, 1987.

_____. *Shaping written knowledge*: the genre and activity of the experimental article in science. Madison: University of Wisconsin Press, 1988.

_____.; LITTLE, J.; BETHEL, L.; CHAVKIN, T.; FOUTQUETTE, D.; GARUFIS, J. *Reference guide to writing across the curriculum*. West Lafayette: Parlor Press, 2005.

BEACH, R. Self-evaluation strategies of extensive revisers and non-revisers. *College Composition and Communication*, 27(2), 160-164. 1986.

BEAN, J. C; IYER, N. I couldn't find an article that answered my question: teaching the construction of meaning in undergraduate literary research. In: JOHNSON, K. A.; HARRIS, S. R. (Ed.). *Teaching literary research*. Chicago: Association of College and Research Libraries, 2009.

_____. Summary writing, rogerian listening, and dialectic thinking. *College Composition and Communication*, 37(3), 343-346. 1986.

_____. Engaging ideas: the professor's guide to integrating writing, critical thinking, and active learning in the classroom. San Francisco: Jossey-Bass, 2011.

_____. CARRITHERS, D.; EARENFIGHT, T. Transforming WAC through a discourse-based approach to university outcomes assessment. *WAC Journal: writing across the Curriculum* 16, 5-21. 2005.

_____.; DRENK, D.; LEE, F. D. Microtheme strategies for developing cognitive skills. In: GRIFFIN, C. W. (Ed.). *Teaching writing in all disciplines*. San Francisco: Jossey-Bass, 1986.

BEASON, L. Ethos and error: how business people react to errors. *College Composition and Communication*, 53(1), 33-64. 2001.

BEAUFORT, A. *College writing and beyond*: a new framework for university writing instruction. Logan: Utah State University Press, 2007.

BECKER, F. *Educação e construção do conhecimento*. Porto Alegre: ARTMED, 2001.

_____. *A origem do conhecimento e a aprendizagem escolar*. Porto Alegre: ARTMED, 2003.

200 Aprender como autor • Demo

BECKER, F.; MARQUES, Tania B. I. (Org.). *Ser professor é ser pesquisador*. Porto Alegre: Mediação, 2007.

BEICHNER, R. J.; SAUL, J. M. Introduction to the SCLAE-UP (Student-Centered Activities for Large Enrollment Undergraduate Programs) Project. Paper submitted to the Proceedings of the International School of Physics "Enrico Fermi", Varenna, Italy. 2003.

BELANOFF, P.; DICKSON, M. (Ed.). *Portfolios*: process and product. Portsmouth: Boynton/Cook, 1991.

_____. Sharing and responding. New York: Random House, 1989.

_____.; ELBOW, P.; FONTAINE, S. I. (Ed.). *Nothing begins with N*: new investigations of freewriting. Carbondale: Southern Illinois University Press, 1991.

BELENKY, M. F.; CLINCHY, B. M.; GOLDBERGER, N. R.; TARULE, J. M. *Women's ways of knowing*: the development of self, voice and mind. New York: Basic Books, 1986.

BENDER, J. M. *The resourceful writing teacher*: a handbook of essential skills and strategies. Portsmouth: Heinemann, 2007.

BENKLER, Y.; NISSENBAUM, H. Commons-based peer production and virtue. Disponível em: <http://www.nyu.edu/projects/nissenbaum/papers/jopp_235.pdf>. Acesso em: 2006.

_____. Coase's penguin, or, Linux and the nature of the firm. Disponível em: <http://www.yale.edu/yalelj/112/BenklerWEB.pdf>. Acesso em: 2002.

_____. Freedom in the commons: towards a political economy of information. Disponível em: <http://www.law.duke.edu/shell/cite.pl?52+Duke+L.+J.+1245>. Acesso em: 2003.

_____. Sharing nicely: on shareable goods and the emergence of sharing as a modality of economic production. Disponível em: <http://yalelawjournal.org/images/pdfs/407.pdf>. Acesso em: 2004.

BENKLER, Y. *The wealth of networks*: how social production transforms markets and freedom. New York: Yale University Press, 2006.

BENT, M.; SOTCKDALE, E. *Integrating information literacy as a habit of learning*: assessing the impact of a Golden Thread of IL in the curriculum. Journal of Information Literacy 3(1), 2009. 43-50.

BETTELHEIM, B.; ZELAN, K. *Psicanálise da alfabetização*: um estudo psicanalítico do ato de ler e aprender. Porto Alegre: Artes Médicas, 1984.

BISSON, J. I.; JENKINS, P. L.; ALEXANDER, J.; BANNISTER, C. Randomized controlled trial of psychological debriefing for victims of acute burn trauma. British Journal of Psychiatry, 1997. 171: 78–81.

BIZUP, J. *BEAM*: a rhetorical vocabulary for teaching research-based writing. Rhetoric Review, 2008, 27(1), 72-86.

BLAAUW-HARA, M. Why our students need instruction in grammar, and how we should go about it. *Teaching English in Two-Year College*, 2006. 34(2), 165-178.

_____. Mapping the frontier: a survey of 20 years of grammar articles in TETYC. *Teaching English in the Two-Years College*, 2007. 35(1), 30-40. .

BLIGH, D.A. *What's the use of lectures?* San Francisco: Jossey-Bass, 2000.

BLOOM, B. S. (Ed.). *Taxonomy of educational objectives*, cognitive domain. New York: McKay, 1956.

BLUM, S. D. *My word!*: Plagiarism and college culture. Cornell University Press, 2009.

BOEHM, C. *Hierarchy in the forest*: the evolution of egalitarian behavior. Massachusetts: Harvard University Press, 1999.

202 Aprender como autor • Demo

BOEHM, C. *Moral origins*: the evolution of virtue, altruism, and shame. New York: Basic Books, 2012.

BOEHRER, J.; LINSKY, M. Teaching with cases: learning to question. In: SVINICKI, M. D. (Ed.). *The changing face of college teaching*. new directions for teaching and learning nº 42. San Francisco: Jossey-Bass, 1990.

BOK, D. *Universities in the marketplace*: the commercialization of higher education. Princeton: Princeton University Press, 2003.

_____. *Our underachieving colleges*: a candid look at how much students learn and why they should be learning more. Princeton: Princeton University Press, 2007.

BOLTANSKI, L.; CHIAPELLO, E. *The new spirit of capitalism*. London: Verso, 2005.

BONK, C. J.; ZHANG, K. *Empowering online learning*: 100 + activities for reading, reflecting, displaying, and doing. San Francisco: Jossey-Bass, 2008.

BONWELL, C.; EISON, J. *Active learning*: creating excitement in the classroom. Washington: ERIC, 1991.

BOOTH, W.; COLOMB, G.; WILLIAMS, J. *The craft of research*. Chicago: University of Chicago Press, 2008.

BOURDIEU, P.; PASSERON, J. C. *A reprodução*: elementos para uma teoria do sistema educativo. Rio de Janeiro: Francisco Alves, 1975.

_____. *Distinction*: a social critique of the judgment of taste. Cambridge: Harvard University Press, 1984.

_____. *Homo academicus*. Stanford: Stanford University Press, 1990.

BRADDOCK, R.; LLOYD-JONES, R.; SCHOER, L. *Research in written composition*. Urbana: National Council of Teachers of English, 1963.

BRADFORD, A. N. Cognitive immaturity and remedial college writers. In: HAYS, J. N.; ROTH, P. A.; RAMSEY, J. R.; FOULKE, R. D. (Ed.). *The writer's mind*: writing as a mode of thinking. Urbana: National Council of Teachers of English, 1983.

BRANSFORD, J. D. BROWN, A. L.; COCKING, R. R. (Ed.). *How people learn*: brain, mind, experience, and school. Washington: National Academy Press, 2000.

BRIDWELL-BOWLES, L. *Discourse and diversity*: experimental writing within the academy. *College Composition and Communication*, 43(3), 349-368, 1992.

BRIGGS, I.; MYERS, P. B. *Gifts Differing*: understanding personality type. New York: Nicholas Brealey Publishing, 2010.

BRILL. Historical-critical dictionary of marxism. Historical Materialism 18:209-216. Disponível em: <http://postkolonial.dk/files/KULT%2010/Generalintellect.pdf>. Acesso em: 2010.

BRITTON, J.; MARTIN, N.; MCLEOD, A.; ROSEN, R. *The development of writing abilities*. London: Macmillan, 1975. p. 11-18.

BROAD, B. *What we really value*: beyond rubrics in teaching and assessing writing. Logan: Utah State University Press, 2003.

BRONFENBRENNER, U. *Two worlds of childhood*: U.S. and U.S.S.R. New York: Pocket, 1979.

BROOKFIELD, S. D.; PRESKILL, S. *Discussions as a way of teaching*: tools and techniques for democratic classrooms. San Francisco: Jossey-Bass, 2005.

_____. *Developing critical thinkers*: challenging adults to explore alternative ways of thinking and acting. San Francisco: Jossey-Bass, 1987.

_____. *The skillful teacher*: on technique, trust, and responsiveness in the classroom. San Francisco: Jossey-Bass, 2006.

BROSSELL, G. Rhetorical specification in essay examination topics. *College English*, 1983. 45(2), 165-173.

BRUFEE, K. A. Writing and reading as social ou collaborative acts. In: HAYS, J. N.; ROTH, P. A.; RAMSEY, J. R.; FOULKE, R. D. (Ed.). *The writer's mind*: writing as a mode of thinking. Urbana: National Council of Teachers of English, 1983.

BRUFFEE, K. A. Collaborative learning and the 'Conversation of mankind'. *College English*, 1984. 46(6), 635-652.

CALAZANS, J. (Org.). *Iniciação científica*: construindo o pensamento crítico. São Paulo: Cortez, 1999.

CARLIER, I. V. E.; VOERMAN, A. E.; GERSONS, B. P. R. The influence of occupational debriefing on post-traumatic stress symptomatology in traumatized police officers. British Journal of Medical Psychology, 2000. 73: 87–98.

CARLSON, J. A.; SCHODT, D. W. Beyond the lecture: case teaching and the learning of economic theory. *Journal of Economic Education*, 26(1), 1995. 17-28.

CARMICHAEL, S. A declaration of war. In: GOODMAN, M. (Ed.). *The movement toward a new America*: the beginnings of a long evolution. Philadelphia: Pilgrin Press/Knopf, 1970.

CARR, N. *The shallows*: what the internet is doing to our brains. W. S. Norton; New York: Company, 2010.

CARROLL, L. A. *Rehearsing new roles*: how college students develop as writers. Carbondale: Southern Illinois University Press, 2002.

CARTER, M. Ways of knowing, doing, and writing in the disciplines. *College Composition and Communication*, 2007. 58(3), 385-418.

CASHIN, W. *Improving essay tests*. IDEA paper n. 17. Manhattan: Kansas State University Center for Faculty Evaluation and Development, 1987.

CHRISTENSEN, C. M.; EYRING, H. J. *The innovative university*: changing the DNA of higher education from the inside out. San Francisco: Jossey-Bass, 2011.

CHRISTENSEN, C. R.; GARVIN, D. A.; SWEET, A. (Ed.). *Education for judgment*: the artistry of discussion leadership. Boston: Harvard Business School Press, 1992.

CHRISTIAN, B. *The most human human*: what talking with computers teaches us about what it means to be alive. New York: Doubleday, 2011.

CLARK, N.; SCOTT, P. S. *Game addiction*: the experience and the effects. McFarland; London: Company, 2009.

CLEGG, V.; CASHIN, W. *Improving multiple-choice tests*: IDEA paper n. 16. Manhattan: Kansas State University Center for Faculty Evaluation and Development, 1986.

COELHO, E. C. *A sinecura acadêmica*: a ética universitária em questão. Rio de Janeiro: Vértice, 1988.

COHEN, A. J.; SPENCER, J. Using writing across the curriculum in economics: Is taking the plunge worth it? *Journal of Economic Education*, 1993. 23, 219-230.

COLLINS, R. *Wiki Management*: a revolutionary new model for a rapidly changing and collaborative world. New York: Amazon.com, 2013.

COLOMB, G. G.; WILLIAMS, J. M. Perceiving structure in professional prose: a multiply determined experience. In: ODELL, L.; GOSWAMI, D. (Ed.). *Writing in nonacademic settings*. New York: Guilford Press, 1985.

CONNOLLY, P.; VILARDI, T. (Ed.). *Writing to learn mathematics and science*. New York: Teachers College Press, 1989.

CONNORS, R. J.; LUNSFORD, A. A. Frequency of formal errors in current college writing, or Ma and Pa Kettle do Research. *College Composition and Communication*, 1988. 39(4), 395-409.

COOPER, C.; ODELL, L. (Ed.). *Evaluating writing*: describing, measuring, judging. Urbana: National Council of Teachers of English, 1988.

COPELAND, M. *Socratic circles*: fostering critical and creative thinking in middle and high school. Portland: Stennhouse Publishers, 2005.

CRYSTAL, D. *Txtng*: the gr8 db8. Oxford University Press. 2009.

DAIUTE, C. *Physical and cognitive factors in revising*: insights from studies with computers. *Research in the Teaching of English*, 1986. 20(2), 141-159.

DANIELS, S. E.; WALKER, G. B. *Working through environmental conflict*: the collaborative learning approach. New York: Praeger, 2001.

DARDER, A.; BALTODANO, M. P.; TORRES, R. D. (Ed.). *The critical pedagogy reader*. London: Routledge, 2009.

DARLING-HAMMOND, L.; LIEBERMAN, A. (Ed.). *Teacher education around the world*: changing policies and practices. London: Routledge, 2012.

DARLING-HAMMOND, L. *The flat world and education*: how America's commitment to equity will determine our future. London: Teachers College Press, 2010.

DARLING-HAMMOND. L. *Preparing teachers for a changing world*: what teachers should learn and be able to do. San Francisco: Jossey-Bass, 2005.

DARLING-HAMMOND. L. *Powerful learning*: what we know about teaching for understanding. San Francisco: Jossey-Bass, 2008.

DAVIS, B. G. *Tools for teaching*. San Francisco: Jossey-Bass, 2009.

DE LANDA, M. *A thousand years of nonlinear history*. New York: Swerve Editions, 1997.

DEACON, T. W. *Incomplete nature*: how mind emerged from matter. New York: W. W. Norton & Company, 2012.

DEMO, P. *Pesquisa*: princípio científico e educativo. São Paulo: Cortez. 1990.

_____. *Pesquisa e construção do conhecimento*: metodologia científica no caminho de Habermas. Rio de Janeiro: Tempo Brasileiro, 1994.

_____. *Educar pela pesquisa*. Campinas: Autores Associados, 1996.

_____. *Saber pensar*. São Paulo: Cortez, 2000.

_____. *Complexidade e aprendizagem*: a dinâmica não linear do conhecimento. São Paulo: Atlas, 2002.

_____. *Pesquisa participante*: saber pensar e intervir juntos. Brasília: LiberLivro, 2004.

_____. *Ser professor é cuidar que o aluno aprenda*. Porto Alegre: Mediação, 2004a.

_____. *Formação permanente e tecnologias educacionais*. Petrópolis: Vozes, 2006.

_____. *Leitores para sempre*. Porto Alegre: Mediação, 2006a.

_____. *Pobreza política*: a pobreza mais intensa da pobreza brasileira. Campinas: Autores Associados, 2007.

_____. *Educação hoje*: "novas" tecnologias, pressões e oportunidades. São Paulo: Atlas, 2009.

_____. Não vemos as coisas como são, mas como somos. Disponível em: <http://pedrodemo.blogspot.com.br/2009/10/nao-vemos-as-coisas-como-sao-mas-como.html>. Acesso em: jan. 2014.

_____. *Educação e alfabetização científica*. Campinas: Editora Papirus, 2010.

_____. *Pedagogias críticas*: mais uma! Ribeirão Preto: Editora Alphabeto, 2011a.

DEMO, P. *A força sem força do melhor argumento*: ensaio sobre "novas epistemologias virtuais". Brasília: Ibict, 2011b.

_____. *Pensando e fazendo educação*: Inovações e experiências educacionais. Brasília: LiberLivro, 2011c.

_____. *Praticar ciência*: metodologias do conhecimento científico. São Paulo: Saraiva, 2011d.

_____. Forças e fraquezas do positivismo. Disponível em: <http://pedrodemo.blogspot.com.br/2011/04/forcas-e-fraquezas-do-positivismo.html?q=livros+publicados>. Acesso em: 2011.

_____. *Pedagogias "críticas"*: mais uma. Ribeirão Preto: Alphabeto, 2011f.

_____. *Ciência rebelde*. São Paulo: Atlas, 2012.

_____. *O mais importante da educação importante*. São Paulo: Atlas, 2012a.

_____. *Aprender a aprender*: Disponível em: <http://pedrodemo.blogspot.com.br/2012/01/aprender-aprender.html>. Acesso em: >. Acesso em: 2012b.

DEVET, B. Welcoming grammar back into the writing classroom. *Teaching English in the Two Year College*, 2002. 30(1), 8-17.

DEWY, J. *Democracy and education*. New York: Macmillan, 1916.

DI GAETANI, J. L. Use of the case method in teaching business communication. In: KOGEN, M. (Ed.). *Writing in the business professions*. Urbana: National Council of Teachers of English, 1989.

DIEDERICH, P. *Measuring growth in english*. Urbana: National Council of Teachers of English, 1974.

DILLON, J. T. *Questioning and teaching*: a manual of practice. New York: Teachers College Press, 1988.

DITIBERIO, J. K.; JENSEN, G. H. *Writing and personality*: finding your voice, your style, your way. New York: Karnac Books, 2008.

DRAIBICK, D. A. G.; WIESBERG, R.; PAUL, L.; BUBIER, J. L. *Keeping it short and sweet*: Brief, ungraded writing assignments facilitate learning. *Teaching of Psychology*, 2007. 34, 172-176.

DRENK, D. Teaching finance through writing. In: GRIFFIN, C. W. (Ed.). *Teaching writing in all disciplines*. San Francisco: Jossey-Bass, 1986.

DREYFUS, H. L. *What computers still can't do*: a critique of artificial reason. Cambridge, Massachusetts: The MIT Press, 1997.

DUCH, B.; GRON, S.; ALLEN, D. (Ed.). *The power of problem-based learning*: a practical 'how to" for teaching undergraduate courses in any discipline. Stylus, Sterling. 2001.

DUDERSTADT, James J. A university for the 21st century. Ann Arbor: The University of Michigan Press, 2003.

DYER-WITHEFORD, N. *Cyber-marx*: cycles and circuits of struggle in high technology capitalism. Urbana: University of Illinois Press, 1999.

DYSON, G. *Turing's cathedral*: the origins of the digital Universe. New York: Pantheon, 2012.

EDSERV SOFTSYSTEMS, *2tionplus*: the social network Educational program for collaborative learning. New York: EdServ Softsystems, 2012.

EDU-FACTORY COLLECTIVE. *Toward a global autonomous university*: cognitive labor, the production of knowledge, and exodus from the education factory. New York: Antonomedia, 2009.

ELBOW, P.; BELANOFF, P. *Sharing and responding*. New York: Random House, 1989.

_____. *Writing without teachers*. New York: Oxford University Press, 1973.

210 Aprender como autor • Demo

ELBOW, P. *Writing with power*: techniques for mastering the writing process. New York: Oxford University Press, 1981.

_____. *Embracing contraries*: explorations in learning and teaching. New York: Oxford University Press, 1986.

ENNIS, R.H. *Critical thinking*. Upper Saddle River: Prentice Hall, 1996.

_____. Outline of goals for a critical thinking curriculum and its assessment. CriticalThinking.net: Disponível em: <http://www.criticalthinking.net/goals.html>. Acesso em: 2006.

ERTL, B. *E-collaborative knowledge construction*: learning from computer-supported and virtual environments. New York: Information Science Reference, 2010.

EVANS C.; LERNER, J. *Project pedagogy*: ideas for better teaching: some instructional resources. Loudoun Campus, Northern Virginia Community College. Disponível em: <http://www.nvcc.edu/cetl/doc/projectpedagogy.pdf> Acesso em: 2005.

EVENSEN, D. H.; HMELO, C. E.; HMELO-SILVER, C. E. (Ed.). *Problem-based learning*: a research perspective on learning interactions. London: Routledge, 2000.

FAGEN, R. R. *A different voice*. Stanford, 1990. Sept.; 41.

FAIGLEY, L.; WHITE, S. Analyzing revision. *College Composition and Communication*, 1981. 32(4), 400-414.

FARRIS, C.; SMITH, R. Writing-intensive courses: tools for curricular change. In: MCLEOD, S. H.; SOVEN, M. (Ed.). *Writing across the curriculum*: a guide to developing programs. Newbury Park: Sage, 2004. p. 71-86.

FAWKES, D. Analyzing the scope of critical thinking exams. Newsletter or Teaching in philosophy 99(2): Disponível em: <http://www.apa.undel.edu/apa/publications/newsletters/v00n2/teaching/02.asp>. Acesso em: 2001.

Referências **211**

FENWICK, T.; EDWARDS, R. *Researching education through actor-network theory*. New York: Wiley-Blackwell. 2012.

FERREIRO, E.; TEBEROSKY, A. *Psicogênese da língua escrita*. Porto Alegre: Artes Médicas, 1991.

FERREIRO, E. *Os filhos do analfabetismo*: propostas para a alfabetização na América Latina. Porto Alegre: Artes Médicas, 1992.

FINK, L. D. *Creating significant learning experiences*: an integrated approach to designing college courses. San Francisco: Jossey-Bass, 2003.

FINKEL, C. L. *Teaching with your mouth shut*. Portsmouth: Heineman, 2000.

FIRESTEIN, S. *Ignorance*: how it drives science. Oxford: Oxford University Press, 2012.

FITZPATRICK, K. *Planned obsolescence*: publishing, technology, and the future of the academy. Albany: NYU Press, 2011.

FLOWER, L,; HAYES, J. R. Problem-solving strategies and the writing process. *College English*, 1977. 39(4), 449-461.

_____. Writer-based prose: a cognitive basis for problems in writing. *College English*, 1979. 41(1), 19-37.

_____. *Problem solving strategies for writing*. San Diego: Harcout Brace Javanovich, 1993.

FLYNN, E. A. Composing as a woman. *College Composition and Communication*, 1988. 39(4), 423-435.

FOREQUE, F.; FALCÃO, M.; TAKAHASHI, F. 55% dos professores dão aula sem formação na disciplina. *Folha de S. Paulo* (Cotidiano), 2013. 26/12.

FOUCAULT, M. *A arqueologia do saber*. Petrópolis: Vozes, 1971.

_____. *Vigiar e punir*: história da violência nas prisões. Petrópolis: Vozes, 1977.

212 Aprender como autor • **Demo**

FOUCAULT, M. *Microfísica do poder*. Rio de Janeiro: Graal, 1979.

FREIE, J. Thinking and believing. *College Teaching*, 1987. 35(3), 89-91.

FREIRE, P. *Pedagogia da autonomia*: saberes necessários à prática educativa. Rio de Janeiro: Paz e Terra, 1997.

_____. *Pedagogia do oprimido*. Rio de Janeiro: Paz e Terra, 2006.

FREISINGER, R. Cross-disciplinary writing programs: theory and practice. *College English*, 1980. 42(2), 154-166.

FREITAG, B.; MOTTA, V.; COSTA, W. *O livro didático em questão*. São Paulo: Cortez, 1993.

FREITAS, L. *A produção da ignorância na escola*. São Paulo: Cortez, 1989.

FRIGOTTO, G. *A produtividade da escola improdutiva*. São Paulo: Cortez, 1989.

_____. *Educação e a crise do capitalismo real*. São Paulo: Cortez. 1995.

FULWILER, T.; YOUNG, A. (Ed.). *Language connections*: writing and reading across the curriculum. Urbana: National Council of Teachers of English, 1982.

_____. (Ed.). *The journal book*. Portsmouth: Boynton/Cook, 1987a.

_____. *Teaching with writing*. Portsmouth: Boynton/Cook, 1987b.

GARLIKOV, R. The socratic method: teaching by asking instead of by telling. Disponível em: <http://www.garlikov.com/Soc_Meth.html>. Acesso em: 2009.

GARRISON, R. D.; VAUGHAN, N. D. *Blended in higher education*: framework, principles, and guidelines. San Francisco: Jossey -Bass, 2008.

Referências **213**

GEE, J. P.; HAYES, E. R. *Language and learning in the digital age*. London: Routledge, 2011.

_____. *What video games have to teach us about learning and literacy*. New York: Palgrave, 2003.

_____. *Good video games + good learning*. New York: Peter Lang, 2007.

GENTILI, P. (Org.). *Pedagogia da exclusão*: crítica ao neoliberalismo em educação. Petrópolis: Vozes, 1995.

GILLIGAN, C. *In a different voice*: psychological theory and women's development. Cambridge: Harvard University Press, 1982.

GLEICK, J. *The information*: a history, a theory, a flood. New York: Pantheon, 2011.

GOODENOUGH, D. A. Changing ground: A medical school lecturer turns to discussion teaching. In: Christensen, C. R.; Garvin, D. A.; Sweet, A. (Ed.). *Education for judgment*: the artistry of discussion leadership. Boston: Harvard Business School Press, 1991.

GOPEN, G.; SWAN, J. The science of scientific writing. *American Scientist*, 1990. 78 (Nov./Dec.), 550-558.

GOPEN, G. *The sense of structure*: writing from the reader's perspective. New York: Longman, 2004.

GRAFF, G.; BIRKENSTEIN, C. *They say/I say*: the moves that matter in academic writing. New York: Norton, 2009.

GRAFF, G. *Clueless in academy*: how schooling obscures the life of the mind. New Haven: Yale University Press, 2004.

GRINNELL, F. *Everyday practice of science*: where intuition and passion meet objectivity and logic. Oxford University Press, 2009.

HABERMAS, J. *Consciência moral e agir comunicativo*. Rio de Janeiro: Tempo Brasileiro, 1989.

214 Aprender como autor • Demo

HAIDT, J. *The righteous mind*: why good people are divided by politics and religion. New York: Pantheon, 2012.

HAIRSTON, M. Not all errors are created equal: nonacademic readers in the professions respond to lapses in usage. *College English*, 1981. 43(8), 794-806.

HARDIN, G. *Living within limits*: ecology, economics, and population taboos. Boston: Oxford University Press, 1995.

HARDING, S. (Ed.). *The postcolonial science and technology studies reader*. Durham: Duke University Press Books, 2011.

HARMAN, G. *Prince of networks*: Bruno Latour and metaphysics. Melbourne: Re.Press, 2009.

HARRINGTON, N. A. What is the Socratic method? Disponível em: <http://www.greatbooksacademy.org/html/what_is_the_socratic_method_.html>. Acesso em: 2009.

HARRIS, J. *Rewriting*: how to do things with texts. Logan: Utah State University Press, 2006.

HARTWELL, P. Grammar, grammars, and the teaching of grammar. *College English*, 1985. 47(2), 105-127.

HASWELL, R. H. Minimal marking. *College English*, 1983. 45(6), 600-604.

HAWISHER, G. E. The effects of word processing on the revision strategies of college freshmen. *Research in the Teaching of English*, 1987. 21(2), 145-159.

HAYLES, N. K. *Electronic literature*: new horizons for the literary. Indiana: University of Notre Dame Press, 2008.

HAYS, J. N. The development of discursive matury in college writers. In: HAYS, N. H.; ROTH, P. A.; RAMSEY, J. R.; FOULKE, R. D. (Ed.). *The writer's mind*: writing as a mode of thinking. Urbana: National Council of Teachers of English, 1983.

HECKMAN, J. J.; STIXRUD, J.; URZUA, S. The effects of cognitive and noncognitive abilities on labor market outcomes and social behavior. Working paper 12006. National Bureau of Economic Research, Cambridge: Disponível em: <http://www.nber.org/papers;w12006>. Acesso em: 2006.

HENTSCHKE, G. C.; LECHUGA, V. M.; TIERNEY, W. G. *For-profit colleges and universities*: their markets, regulation, performance and place in higher education. Stylus, Sterling. 2010.

HEPPNER, F. *Teaching the large college class*: a guidebook for instructors with multitudes. San Francisco: Jossey-Bass, 2007.

HERRINGTON, A.; MORAN, C. (Ed.). *Writing, teaching, and learning in the disciplines*. New York: Modern Language Association.

HILLOCKS, G. *Research on written composition*: new directions for teaching. Urbana: National Conference on Research in English, 1986.

_____; KAHN, E. H.; JOHANNESSEN, L. R. Teaching defining strategies as a mode of inquiry. *Research in the Teaching of English*, 1983. 17(3), 275-284.

HMELO-SILVER, C. E. Problem-based learning: what and how do students learn? *Educational Psychology Review*, 16(3):235-266. 2004.

HMELO-SILVER, C. E.; CHINN, C. A.; CHAN, C.; O'DONNELL, A. M. *The international handbook of collaborative learning*. London: Routledge, 2013.

HMELO-SILVER, DUNCAN; CHINN. Scaffolding and achievement in problem-based and inquiry learning: a response to Kirschner, Sweller, and Clark. *Educational Psychologist*, 2007. 42(2):99–107.

HOOKS, B. *Teaching critical thinking*: practical wisdom. London: T; F Books, 2009.

216 Aprender como autor • Demo

HORN, I. *Strength in numbers*: collaborative learning in secondary mathematics. Washington: National Council of Teachers of Mathematics, 2012.

HUBA, M. E.; FREED, J. E. *Learner-centered assessment on college campuses*: Shifting the focus from teaching to learning. Boston: Allyn and Bacon, 2000.

HULL, G. Research on error and correction. In: MCCLELLAND, B. W.; DONAVAN, T. R. (Ed.). *Perspectives on research and scholarship in composition*. New York: Modern Language Association, 1985.

HUNT, L. H. (Ed.). Grade inflation: academic standards in higher education. New York: State University of New York: Press, 2008.

HUTCHINSON, D. *Playing to learn*: videogames in the classroom. Santa Barbara: Libraries Unlimited, 2007.

IMINDS. *Tragedy of the commons*: ideas; concepts. New York: Amazon Digital Service, 2010.

JACOBS, L. C.; CHASE, C. I. *Developing and using tests effectively*: a guide for faculty. San Francisco: Jossey-Bass, 1992.

JEANNENEY, J. N.; FAGAN, T. L.; WILSON, I. *Google and the myth of universal knowledge*: a view from Europe. Chicago: University of Chicago Press, 2007.

JENSEN, G. H.; DITIBERIO, J. K. *Personality and the teaching of composition*. New York: Praeger, 1989.

JOHNSON, D. W.; JOHNSON, R. T. *Learning together and alone*: cooperative, competitive, and individualistic learning. Upper Saddle River: Prentice Hall, 1991.

JOHNSON, D. W.; JOHNSON, R. T.; SMITH, K. A. *Cooperative learning*: increasing college faculty instructional productivity. Washington: George Washington University, School of Education and Human Development, 1991.

Referências **217**

KAFAI, Y. B.; PEPPLER, K. A.; CHAPMAN, R. N. *The computer clubhouse*: constructionism and creativity in youth communities. New York: Teachers College Press, 2009.

KAMENETZ, A. *DIY U*: edupunks, edupreneurs, and the coming transformation of higher education. White River: Chelsea Green Publishing, 2010.

KEHOE, B. P. *Zen and the art of the Internet*: a beginner's guide. New York: Prentice Hall, 1995.

KELLOG, R. T. Training writing skills: a cognitive developmental perspective. *Journal of Writing Research*, 2008. 7(1), 1-26.

KELLY, K. *What technology wants*. New York: Penguin, 2011.

KIES, D. *Evaluating grammar checkers*: a comparative the-year study. Hypertext Books: Disponível em: <http://papyr.com/hypertextbooks/grammar/gramchek.htm> Acesso em: 2008.

KILIAN, C. *Writing of the Web 3.0*. North Vancouver: Self-Counsel Press, 2007.

KIRK, J. J.; ORR, R. L. 2003. *A primer on the effective use of threaded discussion forums*. ERIC. ED 474 738.

KIRP, D. L.; BERMAN, E. P.; HOLMAN, J. T.; ROBERTS, P. *Shakespeare, Einstein, and the bottom line*: the marketing of higher education. Harvard University Press. 2004.

KNOBEL, M.; LANKSHEAR, C. (Ed.). *DIY Media*: creating, sharing and learning with new technologies. Oxford: Peter Lang, 2010.

KOCH, C. *Consciousness*: confessions of a romantic reductionist. Cambridge: The MIT Press, 2012.

KOHLBERG, L. *The philosophy of moral development*: moral stages and the idea of justice. New York: Harper & Row, 1981.

KOKKOS, A. Transformative learning in Europe: an overview of the theoretical perspectives. In: TAYLOR, E. W.; CRANTON, P. &

218 Aprender como autor • **Demo**

Associates. The handbook of transformative learning: theory, research, and practice. San Francisco: Jossey-Bass, 2012. p. 289-303.

KOLB, D. A. *Learning style inventory*. Boston: McBer, 1985.

KOLLN, M. Closing the books on alchemy. *College Composition and Communication*, 1981. 32(2), 139-151.

KRAUSS, J. I.; BOSS, S. K. *Thinking through project-based learning*: guiding deeper inquiry. New York: Corwin, 2013.

KRESS, G.; LEEUWEN, T. *Multimodal discourse*: the modes and media of contemporary communication. London: Arnold, 2001.

_____.; _____. *Reading images*: the grammar of visual design. London: Routledge, 2005.

_____. *Literacy in the new media age*. London: Routledge, 2002.

KROLL, B. Cognitive egocentrism and the problem of audience awareness in written discourse. *Research in the Teaching of English*, 1978. 12(3), 269-281.

KUHN, T. S. *A Estrutura das revoluções científicas*. São Paulo: Perspectiva, 1975.

KURFISS, J. G. *Critical thinking*: theory, research, practice, and possibilities. Washington: ASHE-ERIC Higher Education Report N. 2, 1988.

KURZWEIL, R. *The singularity is near*: when humans transcend biology. New York: Viking, 2005.

LANCASTER, R. *Life is hard*: machismo, danger, and the intimacy of power in Nicaragua. Los Angeles: University of California Press, 1994.

LARSON, R. L. The 'research paper' in the writing course: a nonform of writing. *College English*, 1982. 44(8), 811-816.

LATOUR, B. *Ciência em ação*: como seguir cientistas e engenheiros sociedade afora. São Paulo: UNESP, 2000.

Referências **219**

LATOUR, B. *A Esperança de Pandora*. São Paulo: EDUSC, 2001.

_____. *Reassembling the social*: an introduction to actor-network theory. Oxford: Oxford University Press, 2005.

LAURILLARD, D. *Rethinking university teaching*. Abingdon: Taylor; Francis, 2007.

LAVE, J.; WENGER, E. Situated learning: legitimate peripheral participation (learning in doing: social, cognitive and computational perspectives). Cambridge: Cambridge University Press, 1991.

LAZZARATO, M. *General intellect*. Libcom.org. Disponível em: <http://libcom.org/library/general-intellect-common-sense>. Acesso em: 2005.

LEAMNSON, R. *Thinking about teaching and learning*: developing habits of learning with first-year college and university students. Stylus, Sterling. 1999.

LESSIG, L. *Remix*. London: Penguin, 2009.

LEVY, S. *Hackers*: heroes of the computer revolution. New York: O'Reilly, 2010.

LIGHT, R. J. *Making the most of college*: students speak their minds. Cambridge: Harvard University Press, 2001.

LIH, A. *The Wikipedia revolution*. New York: Hyperion, 2009.

LINN, M. C.; EYLON. B. S. *Science learning and instruction*: taking advantage of technology to promote knowledge integration. New York: Routledge, 2011.

LOCKWOOD, J. A. *Grasshopper dreaming*: reflections on killing and loving. Boston: Skinner House Books, 2002.

LOVINK, G. *Networks without a cause*: a critique of social media. Cambridge: Polity, 2011.

LUBIENSKI, C. A.; LUBIENSKI, S. T. *The public school advantage*: why public schools outperform private schools. Chicago: University of Chicago Press, 2013.

LUNSFORD, A. A.; EDE, L. *Singular texts/Plural authors*: perspectives on collaborative writing. Carbondale: Southern Illinois University Press, 1990.

_____. Cognitive development and the basic writer. *College English*, 1979. 41(1), 38-46.

_____. Cognitive studies and teaching writing. In: MCCLELLAND, B.W.; DONOVAN, T. R. (Ed.). *Perspectives on research and scholarship in composition*. New York: Modern Language Association, 1985.

MACDONALD, S. P.; COOPER, C. R. Contributions of academic and dialogic journals to writing about literature. In: HERRINGTON, H.; MORAN, C. (Ed.). *Writing, teaching, and learning in the disciplines*. New York: Modern Language Association, 1992.

_____. *Professional and academic writing in the humanities and social sciences*. Carbondale: Southern Illinois University Press, 1994.

MACGREGOR, J. Collaborative learning: shared inquiry as a process of reform. In: SvINICKI, M. D. (Ed.). *The changing face of college teaching*. San Francisco: Jossey-Bass, 1990.

MACHAN, T. R. *The commons*: its tragedies and other follies. New York: Hoover Institution Press, 2001.

MADAUS, G.; RUSSELL, M.; HIGGINS, J. *The paradoxes of high stakes testing*: how they affect students, their parents, teachers, principals, schools, and society. Charlotte: IAP, 2009.

MAGNOTTO, J. N.; STOUT, B. R. In: Mcleod, S. H.; Soven, M. (Ed.). *Writing across the curriculum*: a guide to developing programs. Newbury Park: Sage, 1992. p. 32-46.

MAGOLDA, M. B. B. *Creating contexts for learning and self-authorship*: constructive-developmental pedagogy. Nashville: Vanderbilt University Press, 1999.

Referências **221**

MAGOLDA, M. B. B.; CREAMER, E. G.; MESAZROS, P. S. (Ed.). *Development and asessment of self-authorship*: exploring the concept across cultures. Stylus, Sterling. 2010.

MASSUMI, B. *Parables for the virtual*: movement, affect, sensation. London: Duke University Press, 2002.

MATENCIIO, M. L. M. *Leitura/produção de textos e a escola*. Campinas: Autores Associados, 1994.

MATURANA, H.; VARELA, F. *De máquinas y seres vivos*: autopoiesis: la organización de lo vivo. Santiago: Editorial Universitaria, 1994.

MATURANA, H. *Cognição, ciência e vida cotidiana*. Organização de C. Magro e V. Paredes. Belo Horizonte: Humanitas/UFMG, 2001.

MAXWELL, M. Introduction to the Socratic Method and its Effect on Critical Thinking. Disponível em: <http://www.socraticmethod.net/>. Acesso em: 2009.

MCCAIN, T. *Teaching for tomorrow*: teaching content and problem-solving skills. Thousand Oaks: Corwin, 2005.

MCGONIGAL, J. *Reality is broken*: why games make us better and how they can change the world. New York: Penguin, 2011.

MCLEOD, S. H. Writing across the curriculum: an introduction. In: MCLEOD, S. H.; SOVEN, M. (Ed.). *Writing across the curriculum*: a guide to developing programs. Newbury Park: Sage, 1992. p. 1-11.

MCNALLY, R. J.; BRYANT, R. A.; EHLERS, A. Does early psychological intervention promote recovery from posttraumatic stress? *Psychological Science in the Public Interest*, 2003 4: 45–79.

MEACHAM, J. Discussions by e-mail: experiences from a large class on multiculturalism. *Liberal Education*, 1994. 80(4), 36-39.

MEISENHELDER, S. Redefining 'powerful' writing: Toward a feminist theory of composition. *Journal of Thought*, 1985. 20, 184-195.

222 Aprender como autor • **Demo**

MENAND, L. *The marketplace of ideas*: reform and resistance in the American university. New York: W. W. Norton & Company, 2010.

MEYERS, C.; JONES, T. B. *Promoting active learning*: strategies for the college classroom. San Francisco: Jossey-Bass, 1993.

MEYERS, C. *Teaching students to think critically*: a guide for faculty in all disciplines. San Francisco: Jossey-Bass, 1986.

MEZIROW, J. & ASSOCIATES. *Learning as transformation*: critical perspectives on a theory in progress. San Francisco: Jossey-Bass, 2000.

MEZIROW, J. Perspective transformation. *Adult Learning*, 1978. 28:100–110.

_____. *Transformative dimensions of adult learning*. San Francisco: Jossey-Bass, 1991.

_____.; TAYLOR, E. W.; ASSOCIATES (Ed.). *Transformative learning in practice*: insights from community, workplace, and higher education. San Francisco: Jossey-Bass, 2009.

MEZIROW, J. & ASSOCIATES (Ed.). *Fostering critical reflection in adulthood*. San Francisco: Jossey-Bass, 1990.

MILLER, C. Genre as social action. *Quarterly Journal of Speech, 70*, 151-167. 1984.

MOLINA, O. *Quem engana quem?* Professor × livro didático. Campinas: Papirus, 1988.

MOROZOV, E. *The net delusion*: the dark side of internet freedom. New York: PublicAffairs, 2011.

MORTON, T. Fine cloth, cut carefully: cooperative learning in British Columbia. In: GOLUB, J. (Ed.). *Focus on collaborative learning*: classroom practices in teaching English. Urbana: National Council of Teachers of English, 1988.

MULROY, D. *The war against grammar*. Portsmouth: Noynton/Cook, 2003.

MYERS, G. The social construction of two biologists' proposals. *Written Communication* 2, 1985. 154-174.

_____. Reality, consensus, and reform in the rhetoric of composition teaching. *College English,* 1986a. 48(2), 154-174.

_____. Writing research and the sociology of scientific knowledge: a review of three new books. *College English,* 1986b. 48(6), 595-610.

NICHOLS, S. L.; BERLINER, D. C. Collateral damage: how high-stakes testing corrupts America's schools. Cambridge: Harvard Education Press, 2007.

NIELSEN, L.; WEBB, W. *Teaching generation text*: using cell phones to enhance learning. San Francisco: Jossey-Bass, 2011.

NIELSEN, M. *Reinventing discovery*: the new era of networked science. Princeton: Princeton University Press, 2011.

NOGUCHI, R. R. *Grammar and the teaching of writing*: limits and possibilities. Urbana: National Council of Teachers of English, 1991.

NOWACEK, R. S. Why is being disciplinary so very hard to do? Thoughts on the perils and promise of interdisciplinary pedagogy. *College Composition and Communication,* 2009. 60(3), 493-516.

O'CONNOR, A. *Poverty knowledge*: social science, social policy, and the poor in Twentieth-Century U.S. history. Princeton: Princeton University Press, 2001.

O'NEIL, M. *Cyber chiefs*: autonomy and authority in online tribes. New York: Pluto Press, 2009.

O'REILLY, T. *Web 2.0 Principles and Best Practices*. New York: O'Reilly Media, 2006.

_____. *What is Web 2.0*. Amazon.com.: O'Reilly Media, 2009.

OCSNER, R.; FOWLER, J. Playing deveil's advocate: evaluating literature of the WAC/WID movement. *Review of Educational Research,* 2004. 74(2):117-140.

224 Aprender como autor • **Demo**

OPERA DEMONSTRATES 'Web 5.0': Avoid the middle men who control the servers of the world. Disponível em: <http://www.techradar.com/news/internet/opera-demonstrates-web-5-0-608 525>. Acesso em: 2013.

PALLOFF, R. M.; PRATT, K. *The virtual student*: a profile and guide to working with online learners. San Francisco: Jossey-Bass, 2003.

PAPEN, U. *Literacy and globalization*: reading and writing in times of social and cultural change. London: T & F Books UK, 2009.

PATTO, M. H. S. *A produção do fracasso escolar*. São Paulo: Queiroz Editor, 1993.

PAUL, R.; EDLER, L. *Miniature guide to critical thinking concepts and tools*. Dillon Beach: Foundation for Critical Thinking, 2009.

PAUL, R. W. Dialogical thinking: critical thought essential to the acquisition of rational knowledge and passions. In: BARON, J. B.; STERNBERG, R. J. (Ed.). *Teaching thinking skills*: theory and practice. New York: Freeman, 1987.

PENNEBAKER, J. W. *Opening up*: the healing power of expressing emotions. New York: Guilford. 1997.

PENNEBAKER, J. W. *Writing to heal*: a guided journal for recovering from trauma; emotional upheaval. Oakland: New Harbinger Publications, 2004.

PERRY, W. G. T.; Jr. *Forms of intellectual and ethical development in the college years*. Troy: Holt, Rinehart; Winston, 1970.

PETERS, M. A.; BULUT, E. *Cognitive capitalism, education and digital labor*. New York: Peter Lang, 2011.

PETERSON, L. H. Writing across the curriculum and/in the freshman English program. In: MCLEOD, S. H.; SOVEN, M. (Ed.). *Writing across the curriculum*: a guide to developing programs. Newbury Park: Sage, 1992. p. 58-70.

Referências **225**

PIAGET, J. *La construction du réel chez l'enfant*. Paris: Delachaux; Niestlé, 1990.

_____. *Epistemologia genética*. Lisboa: Martins Fontes, 2007.

PINK, D. H. *Drive*: the surprising truth about what motivates us. New York: Riverhead Books, 2009.

POPKEWITZ, T. S. *Lutando em defesa da alma*: a política do ensino e a construção do professor. Porto Alegre: ARTMED, 2001.

POSNER, R. A. *The little book of plagiarism*. New York: Pantheon Books, 2007.

PRENSKY, M. *Teaching digital natives*: partnering for real learning. London: Corwin, 2010.

PRINCE, M.; FELDER, R. The many faces of inductive teaching and learning. *Journal of College Science Teaching*, 2007. 36(5), 14-20.

PRINCE, M. Does active learning work? A review of the research. *Journal of Engineering Education*, July, 2004. 223-231.

PRYOR, F. L.; SCHAFFER, D. L. *Who's not working and why*: employment, cognitive skills, wages, and the changing U.S. labor market. Cambridge: Cambridge University Press, 2000.

QUALLEY, D. *Turns of thought*: teaching composition as reflexive inquiry. Portsmouth: Boynton/Cook, 1997.

RAMAGE, J. D.; BEAN, J. C. *Writing arguments*: a rhetoric with readings. Needham Heights: Allyn; Bacon, 1995.

RAMAGE, J. D.; BEAN, J. C.; JOHNSONS, J. *The Allyn and Bacon guide to writing*. New York: Longman, 2009.

RAVITCH, D. *The death and life of the great american school system*: how testing and choice are undermining education. New York: Basic Books, 2010.

RAVITCH, D. *Reign of error*: the hoax of the privatization movement and the danger to America's Public Schools. New York: Knopf, 2013.

RHEM, J. *Problem-based learning*: an introduction. Disponível em: <http://www.ntlf.com/html/pi/9812/pbl_1.htm>. Acesso em: 1998.

RITTER, K. The economics of authorship: online paper mills, student writers, and first year composition. *College Composition and Communication*, 2005. 56(4), 601-631.

ROBERTS, J. C.; ROBERTS, K. A. Using federal reserve publications in institutions and markets courses: an approach to teaching critical thinking. *Journal of Finance Education*, 2004. 2, 15-25.

_____.; _____. Deep reading, cost/benefit, and the construction of meaning: enhancing reading comprehension and deep learning in sociology courses. *Teaching Sociology*, 2008. 36, 124-140.

ROBERTSON, F.; PETERSON, D.; BEAN, J. C. Promoting high-level cognitive development: bringing 'high blozom' into a financial institutions and markets class. *Journal of Financial Education*, 2007. 33, 56-73.

ROBINSON, W. S. Towards a theory of error. *Teaching English in the Two-Year College*, 1998. 26(1), 50-60.

ROGERS, C. *On becoming a person*: a therapist's view of psychotherapy. Boston: Houghton Mifflin, 1961.

ROSEN, L. D. *Rewired*: understanding the iGeneration and the way they learn. New York: Palgrave, 2010.

ROZAKIS, L. *The complete idiot's guide to writing well*. New York: Alpha, 2000.

RUSSELL, A. A. *What works: a pedagogy*: calibrated peer review. Project Kaleidoscope. Disponível em: <http://www.pkal.org/documents/Vol4CalibratedPeerReview.cfm>. Acesso em: 2004.

RUSSELL, D. R.; YANEZ, A. Big picture people rarely become historians: genre systems and the complications of general education. In: BAXERMAN, C.; RUSSELL, D.R. (Ed.). *Writing selves/*

Writing societies: research form activity perspectives. The WAC clearinghouse and mind, culture, and activity, for Collins: Disponível em: <http://wac.colostate.edu/books/selves_societies>. Acesso em: 2003.

RUSSELL, D. R. Rethinking genre in school and society: an activity theory analysis. *Written Communication*, 1997. 14, 504-554.

_____. *Writing in the academic disciplines*: a curricular history. Carbondale; Southern Illinois University Press, 2002.

SAGOR, R. *Collaborative action research for professional learning communities*. New York: Solution Tree, 2010.

SAHLBERG, P. *Finnish lessons*: what can the world learn from educational change in Finland? New York: Teachers College, 2010.

SANDER, K. W. *Starting a WAC program*: strategies for administrators. In: MCLEOD, S.H.; SOVEN, M. (Ed.). Writing across the curriculum: a guide to developing programs. Newbury Park: Sage, 1992. p. 47-57.

SANTOS, B. S.; MENESES, M. P. (Orgs.). *Epistemologia do sul*. Portugal: Almeida, 2009.

SANTOS, B. S. (Org.). *As vozes do mundo*. Rio de Janeiro: Civilização Brasileira, 2009.

SAVIANI, D. *Pedagogia histórico-crítica*. Campinas: Autores Associados, 2005.

_____. *Escola e Democracia*. Edição comemorativa. Campinas: Autores Associados, 2008.

SAVIN-BADEN, M.; WILKIE, K. Problem-based learning online. London: Open University Press. 2006.

SCHOLZ, T. *Digital labor*: the internet as playground and factory. London: Routledge, 2012.

SCHWALM, D. E. Degree of difficulty in basic writing courses: insights from the oral proficiency interview testing program. *College English*, 1985. 47(6), 629-640.

228 Aprender como autor • **Demo**

SHAUGHNESSY, M. P. *Errors and expectations*: a guide for the teacher of basic writing. New York: Oxford University Press, 1977.

SHERIDAN, D. M.; INMAN, J. A. *Multiliteracy centers*: writing center work, new media, and multimodal rhetoric. New Jersey: Hampton Press, 2010.

SHERIDAN, M. P.; ROWSELL, J. *Design literacies*: learning and innovation in the digital age. London: Routledge, 2010.

SILVA, M. A. S. S. *Construindo a leitura e a escrita*: reflexões sobre uma prática alternativa em alfabetização. São Paulo: Ática, 1991.

SLAVIN, R. E. *Cooperative learning*: theory, research, and practice. Upper Saddle River: Prentice Hall, 1995.

SLOTTA, J. D.; LINN, M. C. *Wise science*: web-based inquiry in the classroom. New York: Teachers College Press, 2009.

SMITH, L. *Grading written projects*: what approaches do students find most helpful? *Journal of Education for Business*, July/August, 325-330. 2008.

SOARES, R.; LIMA, V. M. R. (Org.). *Pesquisa em sala de aula*: tendências para a educação em novos tempos. Porto Alegre: EDIPUCRS, 2002.

SOLOMON, G.; SCHRUM, L. *Web 2.0 how-to for educators*. New York: Amazon, 2010.

SOMMERS, N. Revision strategies of student writers and experienced adult writers. *College Composition and Communication*, 1980. 30(4), 378-388.

SPEAR, K. 1988. *Shared writing*: peer response groups in English classes. Portsmouth: Boynton/Cook, 1990.

SPRINGER, L.; STANNE, M. E.; DONOVAN, S. Effects of small group learning on undergraduate in science, mathematics, engineering, and technology: a meta-analysis. *Review of Educational Research*, 1999. 69, 21-51.

STANLEY, C. A.; PORTER, M. E. (Ed.). *Engaging large classes*: strategies and techniques for college faculty. San Francisco: Jossey-Bass, 2002.

STEFFENS, H. Collaborative learning in a history seminar. *History Teacher*, 1989. 22(2), 125-138.

STEINER, R. Chemistry and the written word. *Journal of Chemical Education*, 1982. 59, 1044.

STERNBERG, R. J. Teaching intelligence: the application of cognitive psychology to the improvement of intellectual skills. In: BARON, J. B.; STERNBERG, R. J. (Ed.). *Teaching thinking skills*: theory and practice. New York: Freeman, 1987.

STEWART, T. L.; MYERS, A. C.; CULLY, M. Enhanced learning and retention through 'writing to learn' in the psychology classroom. *Teaching of Psychology*, 2010. 37, 46-69.

TAVARES, J. *O poder mágico de conhecer e aprender*. Brasília: Liber-Livro, 2011.

TAYLOR, E. W.; CRANTON, P.; Associates. *The handbook of transformative learning*: theory, research, and practice. San Francisco: Jossey-Bass, 2012.

THAISS, C.; PORTER, T. The state of WAC/WID in 2010: methodos and results of the US survey of the international WAC/WID Project. *College Composition and Communication*, 2010. 61(3):524-570.

_____; ZAVACKI, T. M. *Engaged writers, dynamic disciplines*: research on the academic writing life. Portsmouth: Boynton/Cook, 2006.

THINKING TOGETHER: *Collaborative learning in science and from questions to concepts*: interactive teaching in physics, The Derek Bok center series on college teaching. (DVD). San Francisco: Jossey-Bass, 2007.

230 Aprender como autor • Demo

THOMPSON, J. B. *Ideologia e cultura moderna*: teoria social crítica na era dos meios de comunicação de massa. Petrópolis: Vozes, 1995.

TREGLIA, M. O. Teacher-written commentary in college writing composition: how does it impact student revisions. *Composition Studies*, 2009. 37(1), 67-86.

UDVARI-SOLNER, A.; KLUTH, P. M. *Joyful learning*: active and collaborative learning in inclusive classrooms. New York: Corwin, 2007.

VAIDHYANATHAN, S. *The googlization of everything* (and why we should worry). Berkeley: University of California Press, 2011.

VENTURELLI, P. *Escrever, uma prática radical e possível*. Letras, Curitiba, 1992-1993. 41-42:227-236.

VERCELLONE, C. From formal subsumption to general intellect: elements for a marxist reading of the thesis of cognitive capitalism. Historical Materialism 15:13–36. Disponível em: <http://hal.inria.fr/docs/00/26/36/61/PDF/historicalpubliepdf.pdf> Acesso em: 2007.

VIEIRA, M. D. *Metodologia da redação para alunos que não gostam de ler nem escrever*. São Paulo: Cortez, 1988.

VILLANUEVA, V. The politics of literacy across the curriculum. In: Mc Leod, S. H. G.; MIRAGLIA, E.; SOVEN, M.; THAIS, C. (Ed.). *WAC for a new millennium*: strategies for continuing writing-across-the-curriculum. Urbana: NCTE, 2001.

VOSS, J. F. On the composition of experts and novices. In: Maimon, E. P.; Nodine, B. F.; O'Connor, F. W. (Ed.). *Thinking, reasoning, and writing*. White Plains: Longman, 1989.

VYGOTSKY, L. S. *A formação social da mente*. São Paulo: Martins Fontes, 1989a

_____. *Pensamento e linguagem*. São Paulo: Martins Fontes, 1989b.

WAGNER, T. The global achievement gap: why even our best schools don't teach the new survival skills our children need: and what we can do about it. New York: Basic Books, 2008.

WALVOORD, B. E.; ANDERSON, V. *Effective grading*: a tool for learning and assessment. San Francisco: Jossey-Bass, 2009.

WALVOORD, B. E.; MCCARTHY, L. P. *Thinking and writing in college*: A naturalistic study of students in four disciplines. Urbana: National Council of Teachers of English, 1990.

WALVOORD, B. E. Getting started. In: MCLEOD, S. H.; SOVEN, M. (Ed.). *Writing across the curriculum*: a guide to developing programs. Newbury Park: Sage, 1992. p. 12-31.

WARDLE, E. Writing the genres of the university. *College Composition and Communication*, 2009. 64(4), 765-789.

WARK, McKenzie. A hacker Manifesto. Disponível em: <http://subsol.c3.hu/subsol_2/contributors0/warktext.html>. Acesso em: 2004.

WASHBURN, J. University, Inc.: the corporate corruption of higher education. New York: Basic Books, 2005.

WEAVER, M. R. Do students value feedback? Students perceptions of tutors' written responses. *Assessment and evaluation in higher education*, 2006. 31, 379-394.

WEB 1.0 VS WEB 2.0 VS WEB 3.0 VS WEB 4.0: A bird's eye on the evolution and definition. 2013. - Disponível em: <http://flatworldbusiness.wordpress.com/flat-education/previously/web-1-0-vs-web-2-0-vs-web-3-0-a-bird-eye-on-the-definition/>.

WEIMER, E. M. Learner-centered teaching: five key changes to practice. San Francisco: Jossey-Bass, 2002.

WEINBERGER, D. Too big to know: rethinking knowledge now that the facts aren't the facts, experts are everywhere, and the smartest person in the room is the room. New York: Basic Books, 2011.

WERNEC: K, H. Se você finge que ensina, eu finjo que aprendo. Petrópolis: Vozes, 1993.

WEST, M. L. *Using wikis for online collaboration*: the power of the read-write web. London: Wiley Publishing, 2008.

WESTON, A. *A rulebook for arguments*. New York: Hackett Publishing Co.; 2010.

WIENER, H. S. *Collaborative learning in the classroom*: a guide to evolution. *College English*, 1986. 48(1), 52-61.

WIGGINS, G.; MCTIGHE, J. *Understanding by design*. Upper Saddle River: Prentice Hall, 2005.

WILLIAMS, J. M. The phenomenology of error. *College Composition and Communication*, 1981. 32(2), 152-168.

WILLINGHAM, D. T. *Why don't students like school?* A cognitive scientist answers questions about how the mind works and what it means for the classroom. San Francisco: Jossey-Bass, 2009.

WILSON, D. *Facebook demystified*: the 10 critical components of a viral fan page. New York: Amazon, 2013.

WILSON, T. *Redirect*: the surprising new science of psychological change. London: Little, Brown and Company. 2011.

WRITING-ACROSS-THE-CURRICULUM. Wikipedia. Disponível em: <http://en.wikipedia.org/wiki/Writing_Across_the_Curriculum>. Acesso em: 2012.

YAMANE, D. Course preparation assignments: a strategy for crating discussion-based courses. *Teaching Sociology*, 2006. 36, 236-248.

ZEMSKY, R. *The to do list*. Inside Higher, Sept. 14: Disponível em: <http://www.insidehighered.com/views/2009/09/14/zemsky>. Acesso em: 2009.

ZINSSER, W. *Writing to learn*. New York: Harper Collins, 1988.

ZULL, J. E. *The art of changing the brain*: enriching the practice of teaching by exploring the biology of learning. Stylus, Sterling. 2002.